MÊMOIRE

SUR

LES RÉSERVES DE GRAINS.

ERRATA.

Page 12, ligne 1 de la note, *au lieu de* 1779, *lisez :* 1789.

Page 18, ligne 24, *au lieu de* 3 fr. 45 c., *lisez :* 3 fr. 32 1/2 c.

Page 19, ligne 14, même rectification.

Page 26, ligne 18 et 23, même rectification.

MÉMOIRE

SUR

LES RÉSERVES DE GRAINS,

CONSIDÉRÉES COMME MOYEN :

1° D'ASSURER DANS LES ANNÉES DE DISETTE
LA SUBSISTANCE DU PEUPLE ;

2° DE REMÉDIER DANS LES ANNÉES D'ABONDANCE
A LA DÉTRESSE DE L'AGRICULTURE.

PAR. M. A. THOMAS.

CONCESSIONNAIRE DE L'ENTREPÔT DE DOUANES DES MARAIS, FONDATEUR DE
LA COMPAGNIE GÉNÉRALE DU MAGASINAGE PUBLIC A PARIS.

« Le pain sera cher, dites-vous ; mais il ne manquera pas !.....
» Qu'entendez-vous par ces paroles : le pain sera cher, mais
» il ne manquera pas? Aux riches sans doute? Et de qui donc
» nous occupons-nous, depuis deux mois que, pour les sub-
» sistances, je suis retenu à Paris? Des riches, je ne m'en occupe
» pas : je sais qu'avec de l'or on trouve de tout dans le monde !
» Mais je veux que le peuple ait du pain, qu'il en ait beaucoup,
» du bon, et à bon marché ! Que l'ouvrier puisse nourrir sa fa-
» mille avec le prix de sa journée !
» Lorsque je serai loin de la France, n'oubliez pas, monsieur
» le Ministre, que le premier soin du pouvoir doit être d'assurer
» constamment la tranquillité publique, et que les subsistances
» sont le principal mobile de cette tranquillité. »

Paroles de l'Empereur en 1812, au moment de son départ pour la campagne de Russie.

EXTRAIT *du travail de M. Millot sur les subsistances.*

« On devra tôt ou tard établir un système de prévoyance
» sous une forme ou sous une autre, par la combinaison des
» moyens commerciaux et administratifs. »

M. THIERS, *Rapport sur le projet de loi des fortifications de Paris.*

PARIS.
IMPRIMERIE DE FÉLIX MALTESTE ET Ce,
18, RUE DES DEUX-PORTES-SAINT-SAUVEUR.

1841.

MÉMOIRE

SUR

LES RÉSERVES DE GRAINS.

J. B. Say a dit dans son Cours d'économie politique pratique, chap. XI, de l'inégalité des récoltes :

« Les récoltes varient d'une année à l'autre, et les populations » ne peuvent pas subir des vicissitudes si rapides. . . . .

. . . .

» Lorsque la récolte excède la récolte ordinaire, le blé tombe » à bas prix, ce qui augmente la consommation; on use plus lar- » gement de cette denrée; on donne le bas grain aux animaux, » et les hommes mangent une plus grande partie de froment; » on multiplie les bestiaux; on engraisse les volailles, on exporte » une partie de la récolte, on en met en réserve une autre partie. » Lorsqu'au contraire la récolte de l'année est inférieure à une » récolte ordinaire, on ne perd pas de grain, on mange moins » de pain, on cherche des supplémens, soit dans les grains in- » férieurs, soit dans les fruits et racines; on vend des bestiaux ou » des volailles au lieu de les multiplier; on consomme les ré- » serves des années précédentes; enfin, on se procure par le com- » merce des denrées alimentaires du dehors.

» En dépit de ces palliatifs, une récolte qui excède beaucoup » la récolte moyenne, ou qui reste fort inférieure à elle, est une » circonstance fâcheuse, et quelquefois une grande calamité. . .

. . . .

» En France, la sortie des grains fut libre jusqu'en 1692, et

» en 1693 la disette fut telle qu'on fut obligé de défendre l'ex-
» portation sous peine de mort.

» En 1708 la récolte fut bonne; on permit l'exportation; on » ne fit aucune réserve pour l'année suivante, où la gelée, succé- » dant aux pluies, coupa le blé par sa base; la famine de 1709 fut » affreuse; on racheta dans l'étranger, *à 50 fr.* le setier, des blés » qu'on y avait vendus *à 8 fr.* l'année précédente.

» En 1739 on vendit au dehors pour 20 *millions* de grains, » et en 1740 on fut obligé de racheter exactement la même quan- » tité de blé que l'on paya 40 *millions*.

» En 1815 et 1816 on abusa de la même liberté d'exporta- » tion, et suivant un rapport fait par le ministre de l'intérieur le » 24 décembre 1818, le Trésor public avait perdu par la disette » de 1817, en achats forcés, indemnités et déchets, *au-delà de 49* » *millions!* Les achats se montèrent à une somme beaucoup plus » forte, mais les reventes en firent rentrer une partie. . . . . .

. . . .

» On voit que pour le bien de l'humanité, l'effet désirable se- » rait que pendant les années d'abondance on pût mettre en ré- » serve tout le blé dont on aurait besoin dans les années de di- » sette, et procurer ainsi une année moyenne proportionnée à la » population moyenne. Le remède paraît simple, mais il est fort » difficile à l'exécution. . . . .

. . . .

» Les frais de garde pour le blé, les intérêts des avances com- » pris, ne peuvent pas s'évaluer à moins de 15 p. 100 par année; » or, à ce prix, il faudrait, pour que les spéculateurs fussent in- » demnisés, que le blé montât à un prix qui excédât celui des plus » affreuses disettes. . . . .

. . . . »

Ici J.-B. Say expose les argumens des partisans et des adversaires du système de réserve, puis il conclut ainsi :

« N'est-ce pas un des cas où il faut savoir dans la politique » pratique s'écarter des principes généraux? Les principes géné- » raux représentent une industrie abandonnée à elle-même » comme le moyen le plus assuré de pourvoir à nos besoins; l'ex-

» périence nous fait voir que l'intérêt pécuniaire, que les habi» tudes, ne suffisent pas pour que les hommes fassent des ré» serves assez grandes pour parer à l'inégalité des récoltes chez un » grand peuple. Dans l'insuffisance où sont les gouvernemens et » les particuliers pour en venir à bout séparément, ne peuvent-ils » pas unir leurs efforts pour remédier complètement à cette rigueur » des choses naturelles, ou au moins pour en adoucir les effets? »

Telle est l'opinion de J. B. Say sur les réserves, et beaucoup d'économistes distingués ont également émis cette opinion dans leurs ouvrages.

« La France, » dit M. de Morogues, dans son Traité du prix de revient du blé, « récoltant année commune plus que sa consom» mation, si l'on avait des greniers d'abondance, les grains ne » monteraient jamais à un prix excessif, et ne tomberaient guère » à vil prix, parce que lors des grandes récoltes les greniers s'em» pliraient pour se vider ensuite dans les temps de disette ou » même de grande cherté. Jamais, à l'aide de cette réserve, nous » n'aurions besoin de recourir à l'acquisition des grains à l'é» tranger, et l'argent que nous lui portons pour cela resterait en » France.

» Il serait heureux, d'ailleurs, que dans les temps où nos grains » sont à vil prix, nous pussions, à l'aide des greniers de réserve, » en faire usage pour approvisionner nos armées, au lieu de re» courir pour cela à des acquisitions de blés faites au dehors; ac» quisitions fâcheuses, plus encore par le découragement qu'elles » inspirent aux agriculteurs, que par les sommes d'argent qu'elles » font sortir de France; et pourtant la célérité qu'exige l'appro» visionnement des armées quand la guerre se déclare force à » acheter des blés au dehors, faute de magasins suffisans à l'inté» rieur de la France, lors même que les grains y sont à vil prix. »

Enfin, M. Thiers a résumé la question en peu de mots: « On » devra tôt ou tard, a-t-il dit, dans son rapport sur le projet de » loi des fortifications de Paris, établir un système de prévoyance » sous une forme ou sous une autre, par la combinaison des » moyens commerciaux et administratifs. »

A ces considérations générales, nous ajouterons quelques faits qui préciseront mieux encore les graves inconvéniens de la cherté des grains, provenant de l'inégalité des récoltes.

La cherté des grains exerce une influence énorme sur les lois d'hygiène générale et de population. Ce fait a été constaté pour l'Angleterre, pour la Suède, pour la Prusse, pour l'Autriche, par un grand nombre d'auteurs, plus récemment pour la France par les savans travaux statistiques de M. Millot (1).

A Paris seulement, la cherté de 1709 a augmenté les décès de 81 p. 100, et celle de 1795, de 34 p. 100. Il résulte des tableaux de M. Millot, que de 1784 à 1839, le prix des grains a exercé une influence régulière sur la population; cette influence se résume dans l'examen comparatif du nombre de jeunes gens inscrits au recrutement vingt ans après les années d'abondance ou de cherté.

Las années 1818, 1819, 1834, correspondant aux années d'abondance 1798, 1799, 1814, ont présenté 309,000, 307,000, 326,000 jeunes gens inscrits, tandis que 1823, 1832, 1838, correspondant aux années de cherté 1803, 1812, 1818, n'ont donné que 266,000, 277,000, 288,000 jeunes gens, comparativement à 1834; or, en 1838, n'inscrire que 288,000 jeunes gens, tandis qu'en 1819 on en avait inscrit 307,000, c'est subir et constater toute l'influence de la disette de 1817—1818, et si l'on considère que dans cette période de temps la population de la France s'était accrue de 3 millions d'habitans, on verra que le déficit réel résultant de cette disette a été de 27 p. 100.

Par cet exemple et beaucoup d'autres, M. Millot établit que les chertés de grain empêchent les mariages, diminuent les naissances, augmentent les décès, affectent le nombre des jeunes gens atteignant vingt ans, étendent même cette influence au retour périodique de 20 autres années, augmentent enfin les exemptions pour défaut de taille, faiblesse de constitution, et exercent ainsi

(1) Une grande partie des documens statistiques cités dans ce mémoire nous ont été communiqués par M. *Millot*, ancien chef à la réserve de Paris; ils font partie d'un grand travail sur les subsistances, dont la Commission des fortifications de Paris a reconnu l'importance et l'exactitude, et dont la publication serait à désirer dans l'intérêt de ces grandes questions.

une influence funeste sur l'hygiène générale de la classe la plus nombreuse.

Un autre effet fâcheux de la cherté des grains est celui qui touche l'industrie manufacturière, et qui se présente sous une forme en quelque sorte périodique, comme cette cherté elle-même.

En effet, si l'on considère que la production agricole annuelle est d'environ 6 milliards 800 millions de francs, dont un peu plus de 2 milliards en blé ; que la production manufacturière est d'environ 3 milliards dont 8 à 900 millions sont consacrés à l'exportation; on en conclura facilement que lorsque le prix du blé augmente d'un quart, et impose ainsi à la consommation indispensable, celle de la subsistance, un sacrifice de 500 millions, la population est obligée de compenser cet excédant de dépense par une économie équivalente sur la consommation moins impérieuse, celle des vêtemens, de la chaussure, etc., et qu'alors il en résulte une diminution de 500 millions également sur la consommation des produits manufacturés, ce qui suffit pour déterminer un encombrement de marchandises et une crise commerciale.

Ainsi, indépendamment des grandes causes de perturbations sociales qu'entraîne la disette, ou même la crainte seule de ce fléau, on voit que des considérations d'un ordre permanent et très élevé peuvent être invoquées pour faire reconnaître la nécessité d'arrêter dans sa cause et dans ses effets la cherté des subsistances.

Le seul remède à cet état de choses, J.-B. Say l'a indiqué : *c'est de mettre en réserve dans les années d'abondance le blé dont on aura besoin dans les années de disette;* et l'obstacle jusqu'ici insurmontable qui s'oppose à ce remède souverain, *c'est la dépense excessive qu'impose la conservation des grains.*

La nécessité des réserves est reconnue depuis un temps immémorial. La parabole des sept vaches grasses et maigres, les essais d'approvisionnemens de tous les peuples de l'antiquité, prouvent suffisamment combien ce système a toujours été mis au premier rang des nécessités sociales, et les fléaux qui ont pesé sur le monde par suite de l'insuffisance des moyens employés sont une grave leçon léguée par le passé au présent et à l'avenir.

En France il est reconnu que le sol produit année commune, plus de grains que n'en exige la consommation de ses habitans; la période de 1560 à 1840 présente 33 chertés excessives, ou une année sur huit; mais les années de cherté ordinaires sont plus fréquentes, et on peut compter que, sur six années, il s'en trouve en moyenne trois bonnes, deux médiocres et une mauvaise. Or, les bonnes années peuvent présenter, comme on l'a vu en 1819, jusqu'à trois mois d'excédant de nourriture; les années médiocres maintiennent la balance entre l'excédant et le déficit, et le déficit, dans les mauvaises années, s'élève très rarement à trois mois de consommation (1). Il est donc évidemment possible de couvrir les déficits par la réserve des excédans, et toute la difficulté consiste dans l'organisation certaine et économique de la réserve, surtout dans l'intérêt des habitans des villes qui ont beaucoup moins de moyens que les habitans des campagnes de remplacer le blé par des grains secondaires pour leur nourriture.

Plusieurs moyens ont été tentés pour prévenir les funestes effets de la cherté des subsistances, et les craintes de disette ont donné lieu fréquemment à des mesures spéciales très rigoureuses; ainsi, en 1577, Henri III rendit une ordonnance pour empêcher les approvisionnemens particuliers, et prescrivit dans ce but des visites domiciliaires; en 1693, l'exportation des grains fut défendue *sous peine de mort ;* d'autres époques virent établir des ordonnances de maximum, et en 1812, par exemple, un décret impérial interdit de vendre le blé à plus de 33 fr. l'hectolitre, disposition qui ne servit qu'à établir des cours fictifs, et à porter la perturbation dans les transactions commerciales.

L'importation des grains étrangers pourrait être considérée comme un remède plus efficace; mais ce remède, indépendam-

(1) Il y a deux sortes de déficits, celui de *quantité* et celui de *qualité*. Le premier a été en 1812 de 9 p. o/o et le second de 3 p. o/o, total 12 p. o/o ou un mois et demi de consommation. En 1817, le déficit total a été de 24 p. o/o ou trois mois.

ment de ses résultats ruineux pour le pays, et de la nécessité si dangereuse, comme raison politique, de dépendre, en cas de guerre et de disette, des secours extérieurs, peut, dans beaucoup de cas, devenir d'une exécution impossible au moment où il serait le plus nécessaire.

« L'importation de 1831—1832, dit M. Briaune dans son Traité » des crises commerciales, cette importation, la plus grande qui ait » été faite depuis un siècle, et qui a coûté 98 millions à la France, » ne fut possible que parce que nous étions en paix avec toute » l'Europe, et que partout la récolte avait été surabondante; en » cas de guerre, si l'importation est rendue indispensable par le » manque de récoltes et l'absence de réserve, la vie de millions » d'hommes dépend d'un combat naval, d'un blocus, d'une pro- » hibition de sortie.

» Mais, même en supposant la paix perpétuelle, il suffit de » voir quels sont les pays de provenance, pour juger des chances » qu'offrent les importations; Odessa, la Sicile, la Pologne ont » des plaines d'une extrême fertilité; mais le travail de l'homme » y fait peu pour la richesse des récoltes, le ciel et le sol les don- » nent. Dans ces pays on passe d'un extrême à l'autre, et de l'a- » bondance à la disette : à Odessa, par exemple, le prix du blé » a été six fois en quatorze ans double du prix ordinaire (1); en » outre, sur ces marchés l'exportation française suffit pour faire » doubler le prix des blés : si donc nous y trouvions la concur- » rence étrangère, les prix s'élèveraient tellement que les achats » seraient impossibles. Il en résulte que ces secours, qui peuvent » ruiner les agriculteurs dans les années d'abondance, sont incer- » tains, en général, par les chances de la guerre et les incerti- » tudes de la navigation, à un prix élevé si les besoins sont grands, » à un prix impossible en cas de concurrence. »

Les importations de grains sont d'ailleurs faites souvent en temps inopportun, et il est rare qu'elles ne soient pas trop tardives pour rendre tous les services qu'on en attend; quant aux sacri-

(1) Voyez la mercuriale d'Odessa dans l'ouvrage de M. le baron de Morogues, *Théorie du prix de revient du blé en France.*

fices qu'elles imposent au pays, il suffira de quelques exemples pour en donner une idée :

En 1709, la France a dépensé en importations de blés 199,148,936 fr., les importations de 1778 à 1833 se sont élevées, suivant le tableau du mouvement commercial extérieur sur les grains, publié par M. Millot, d'après les états de douanes, à la somme de 1,011,467,266 fr., et cette dépense énorme représente une perte réelle pour le pays (1).

Quelques partisans des généralités abstraites de la science économique ont prétendu trouver une compensation à cette perte dans l'augmentation des exportations des produits français ; mais M. le baron Charles Dupin a victorieusement réfuté cette erreur, et dans un rapport fait en 1831 à la chambre des Députés, il a établi, entre autres faits non moins importans, que dans les années 1828, 1829 et 1830, années où les importations de grains ont occasionné à la France un déboursé de 134 millions de fr., l'exportation des produits français a été de 11,204,671 fr., inférieure à celle des années 1825, 1826, 1827, où il n'a pas été fait d'achats de blé à l'étranger.

Aux pertes imposées au pays tout entier par les importations générales, il faut ajouter celles du Trésor public, par suite des achats et reventes de blés, provenant des importations du gouvernement lui-même ; car il y a lieu de remarquer qu'il a toujours acheté par voie tardive de 30 à 50 fr. le quintal métrique à l'étranger, des blés, qui, conservés en France, n'auraient pas coûté plus de 20 fr. ; il n'y a pas eu d'année de cherté qui n'ait imposé au Trésor de grands sacrifices, et nous avons vu plus haut dans l'ouvrage de J.-B. Say, que 1817 seul figurait dans ces sacrifices pour 49 millions de fr. perdus en achats forcés, indemnités et déchets.

---

(1) Les importations de 1778 à 1789, époque où la révolution a détruit les réserves particulières, sont peu considérables ; leur importance date surtout du commencement du siècle, et l'année 1832, si rapprochée de nous, est celle qui présente le chiffre le plus élevé (98,000,000 de francs).

Ces pertes ne se bornent pas au Trésor public, elles atteignent aussi les administrations municipales de toute la France, et Paris seul a dépensé de 1797 à 1837, 47 millions et demi pour atténuer les effets de la cherté du pain.

Si nous admettons d'ailleurs que l'importation des grains apporte un secours utile aux populations, il faut se rendre compte de la manière dont elle répartit ce secours, et examiner s'il peut se comparer à l'effet que produirait la distribution éclairée d'une réserve régulière. Les importations n'ont d'influence que sur quelques marchés principaux, celui de Paris surtout, où dominent les préoccupations politiques, et cela est si vrai, qu'en 1817, année de cherté et d'importation, on a vu le blé en même temps à 56 fr. 33 c. l'hectolitre dans le département de la Seine, et à 94 fr. dans le département du Haut-Rhin (1).

Ces sacrifices du pays, ces pertes du Trésor public et des administrations municipales, ces mesures injustes qui favorisent la capitale au préjudice des départemens, ne peuvent être empêchés que par un seul moyen : l'organisation d'un bon système de réserves.

La réserve apparente, certaine et suffisante, préviendrait tout danger de disette, et le peuple, si facile à effrayer sur ce point, n'en éprouverait plus même la crainte, presqu'aussi dangereuse pour l'ordre social que la disette elle-même.

On sait d'ailleurs combien cette crainte donne lieu à des approvisionnemens individuels qui sortent de la circulation pour ne plus y rentrer. Un sac de blé acheté par un particulier dans un but de prévoyance est un sac de blé perdu pour le commerce régulier, et pour l'effet moral qui résulte des ressources visibles; ce sac de blé qui ne peut nourrir qu'un habitant suffit, lorsqu'il est en évidence, pour en rassurer cent (2).

---

(1) A la même époque, par suite des sacrifices de la ville de Paris, le pain était à 1 fr. les deux kilos dans l'enceinte de ses murs, et à 1 fr. 60 c. dans la banlieue.

(2) Nous citerons à ce sujet un travail de M. Millot, dans lequel il établit, depuis une époque très reculée, la proportion entre le prix des grains et

Que si, aux raisons présentées à l'appui du système de réserves, on oppose les principes de théorie absolue, qui représentent la réalisation de ce système comme une atteinte portée à la liberté du commerce, nous renverrons à l'exposé qu'a fait *J.-B. Say*, dans son Cours d'économie politique, des raisons présentées pour et contre les réserves, et nous conclurons avec lui, que, *dans une question aussi grave que celle des subsistances d'un grand peuple, il faut savoir, dans la politique pratique, s'écarter des principes généraux et absolus.* Une réserve protégée par l'administration, mais basée sur les formes et les habitudes commerciales, compromettra-t-elle d'ailleurs la liberté du commerce? non! elle doit au contraire lui servir d'auxiliaire et le détourner seulement de ce qu'il y a d'irrégulier et de funeste dans le mode actuel, où la spéculation, toujours faite en prévision d'une cherté immédiate ou déjà même présente, tend à accroître cette cherté et à en augmenter les effets désastreux.

La réserve régularisera donc l'action du commerce, en lui laissant des limites suffisantes pour les transactions régulières, et elle empêchera seulement l'agiotage et les bénéfices scandaleux fondés sur l'exploitation des terreurs et des préjugés populaires.

En France, il existe toujours une grande quantité de blés chez les cultivateurs et les propriétaires ; cette existence est un fait réel, mais non apparent, ce qui en détruit tout l'effet commercial. Le fermier bat son blé seulement au fur et à mesure de ses besoins, en sorte que la quantité de grain répandue sur toute la surface du pays, quoique suffisante en moyenne pour les besoins, et quelquefois excédant ces besoins de manière à permettre l'exportation, est, pour les affaires commerciales proprement dites, absolument comme si elle n'existait pas. Comment se refuserait-on donc à créer des marchés, des entrepôts

---

les déficits de récoltes ; on voit dans son tableau que les craintes de cherté et les approvisionnemens particuliers qui en sont la suite exercent sur la hausse des prix une influence tout à fait hors de proportion avec le chiffre des déficits, et que cette influence a lieu à toutes les époques, d'une manière constante et régulière.

internationaux, dont l'effet serait de donner aux relations commerciales, ainsi qu'aux banques, une base qui leur manque, et dont le moindre avantage serait de procurer au gouvernement, dans le cas de guerre, la facilité d'un approvisionnement immédiat, qu'il est forcé d'aller chercher à l'étranger, là où existent des marchés internationaux? La création d'entrepôts de blés rendrait aussi l'exportation plus facile, et l'on ne verrait plus de faibles essais de vente à l'étranger exciter des craintes exagérées dans l'esprit du peuple, qui n'en peut apprécier ni l'opportunité ni l'importance, et amener avec elles l'émeute et la désorganisation sociale.

Nous allons maintenant, pour achever cet exposé, présenter l'historique des tentatives de réserves faites en France;

Sous l'ancien régime, des réserves partielles, mais cependant considérables, avaient lieu par les soins des grands décimateurs et des établissemens religieux ou hospitaliers, qui y trouvaient un moyen d'assurer leur propre subsistance, et de soulager la misère publique dans les années calamiteuses.

La révolution détruisit ces utiles ressources.

En 1789, une réserve pour 150,000 quintaux de grains fut fondée à Corbeil; on traita avec des commerçans en grains, auxquels on livra gratuitement des greniers; et on leur imposa la condition, moyennant une indemnité annuelle, de tenir constamment 25,000 sacs de farine à la disposition du gouvernement.

Ce traité fut résilié presque immédiatement.

En 1793, la Convention ordonna d'établir des greniers publics dans tous les districts, et autorisa l'acquittement des contributions en grains pour favoriser les approvisionnemens.

En 1800, le sieur Robert s'engagea, moyennant une indemnité annuelle, à fournir, à la première réquisition, 30,000 sacs de farine et à en avoir constamment 6,000 sacs prêts à livrer dans les magasins de Corbeil; mais par suite de difficultés entre le sieur Robert et l'administration, le traité fut annulé.

En 1801, le premier consul acheta de grandes quantités de grains, et maintint le pain à Paris pendant deux cents jours à

90 c. les 2 kilo.; malgré ce prix élevé, le Trésor perdit 15,516,813 fr.

En 1803, le gouvernement fit un traité avec M. Vanlerberghe, et lui imposa la condition d'avoir constamment 250,000 quintaux métriques de grains à Paris, Corbeil, Pontoise, Vernon et Rouen, en lui allouant 1 fr. 80 c. par quintal métrique et par an; de plus, on lui livrait gratuitement les greniers nécessaires, ce qui ajoutait environ 50 c. par quintal métrique à l'allocation.

La dépense était donc comme suit :

Prime.	450,000 f.	» c.
Loyer.	125,000	»
Intérêts d'argent pour achats de grains à 22 fr. 50 c. le quintal métrique, au minimum.	562,500	»
TOTAL.	1,137,500	»

indépendamment des frais de surveillance administrative, qui élevaient les dépenses à au moins 1,300,000 fr. par an, pour un approvisionnement à peine suffisant aux besoins de Paris.

Le sieur Vanlerberghe était autorisé à faire ses livraisons en farine, au rendement de 68 p. 0/0, ce qui lui assurait un bénéfice considérable, puisque ce rendement a depuis été fixé, pour des traités analogues, à 78 p. 0/0.

Le traité avec Vanlerberghe dura de 1803 à 1807, et fut alors renouvelé pour cinq ans avec le sieur Paulée, son gendre, aux mêmes prix et conditions, mais avec faculté de faire usage des grains, pourvu que l'approvisionnement fût toujours au complet le 20 novembre; cette condition altérait gravement le principe de réserve dans son effet matériel et moral.

Le traité Paulée fut résilié en 1810, et on remit le service des réserves à la direction des vivres de la guerre, ce qui dura d'avril 1810 à octobre 1815.

Dans cet intervalle, il n'y eut rien de fixe pour les quantités d'approvisionnemens; mais le gouvernement se substitua fréquemment au commerce, pour les achats et ventes, et en 1812, le sac de farine valant 209 fr., la réserve fournit, au moyen des importations, 415,000 sacs de farine à la halle de Paris, et perdit 21 millions.

Dans cette même année 1812, l'empereur, que la question des subsistances avait toujours fortement préoccupé, surtout dans l'intérêt de la tranquillité de la ville de Paris, conçut le projet d'organiser des réserves pour cette capitale; il ordonna la dérivation de la Marne à Saint-Maur, pour obtenir des chutes d'eau, la construction de cinquante-deux moulins mus par ces chutes, et celle de greniers à sept étages, à Paris (1), projets immenses, et qui, pour le seul approvisionnement de Paris, pendant quarante-six jours au plus, exigeaient un capital de 30 à 40 millions.

A cette même époque enfin, un rapport de M. le comte Daru, ordonné par l'empereur, et conçu dans une prévision plus générale, celle de l'approvisionnement tout entier de la France, conclut à ce que des réserves fussent organisées dans toutes les villes de 3,000 ames et plus, aux frais de ces villes, et sur le pied de 50 kil. de grains par habitant.

La chute de l'empire anéantit ces vastes projets et même ceux de la réserve de Paris.

En 1815, la réserve fut confiée à une commission dite des substances, présidée par M. Gau, conseiller d'état; 250,000 quintaux métriques de grains (toujours l'approvisionnement de Paris) furent conservés par régie au prix de 1 fr. 90 c. par quintal métrique et par an, ce qui représentait avec les loyers des greniers, frais de surveillance et intérêts de capital, une dépense annuelle de 1,335,000 fr.; sur cette somme, la ville de Paris était assujétie à un remboursement, en raison de l'intérêt direct et presque exclusif qu'elle avait aux mesures d'approvisionnement; et c'est ainsi que, lorsque les comptes de la réserve furent liqui-

---

(1) Ces greniers, destinés à contenir 250,000 quintaux métriques de grains, n'en auraient pas pu contenir en réalité 200,000. La construction en a été abandonnée en 1814, lorsqu'ils étaient élevés de deux étages seulement.

dés, et qu'il en résulta une perte de 16 millions, le gouvernement mit cette perte tout entière à la charge de la ville de Paris. Les difficultés qui résultèrent de ce décompte, le mécontentement qu'éprouva l'administration municipale d'avoir à supporter des charges qu'il ne lui était pas permis de régler elle-même, l'engagèrent à demander que la réserve fût à l'avenir administrée sous une autre forme ; et à la fin de 1817, il fut créé au compte seul de la ville de Paris une réserve de grains avec greniers à Corbeil, Pontoise, Meaux, Vernon, etc., dont la direction fut confiée à un habile administrateur, M. le baron Busche.

La nouvelle administration reprit du gouvernement ses fonds de magasins et acheta de nouveaux grains, jusqu'à concurrence de 200,000 quintaux métriques ; elle fit de nombreuses expériences sur les moyens de conservation ; elle essaya les silos en plomb de M. le comte Dejean, ceux de M. Ternaux, etc ; mais elle ne trouva rien de mieux que de suivre les anciens erremens, et elle traita avec des commerçans pour conserver ses grains dans des greniers ordinaires. Elle le fit au prix très réduit de 3 francs par sac de farine déposé par les boulangers, et à celui de 1 fr. 50 c. par quintal métrique de blé, qui, ajoutés à environ 50 c. pour loyers de greniers, à 20 c. de frais d'administration et de surveillance, et à 1 fr. 25 c. d'intérêts du capital, calculé au prix minimum de 22 fr. 50 c. le quintal métrique de blé, représentaient une dépense annuelle de 3 fr. 32 c. ½ par quintal métrique

Il parait démontré que ce prix ne laissait guère aux conservateurs d'autre bénéfice que la faculté d'employer les greniers de l'administration à l'emmagasinage de leurs propres grains, et de trouver dans les remplacemens de blés anciens et secs par les blés de nouvelles récoltes successives, un moyen de se procurer des farines de meilleure qualité et de meilleure garde. Nous insistons sur ce point, parce que nous regardons nous-mêmes le renouvellement des blés, tous les deux ans au moins, comme une excellente mesure dans l'intérêt du rendement et de la qualité des farines.

Enfin, en 1830, la réserve de Paris étant épuisée, le gouvernement voulut obliger l'administration municipale à la renouveler. Celle-ci s'y refusa par divers motifs, dont les plus sérieux, étaient la situation financière résultant de la révolution de Juillet, et les pertes éprouvées par la liquidation de l'ancienne réserve. En conséquence, le 30 décembre 1830, une délibération du conseil municipal supprima la réserve, en portant l'approvisionnement des boulangers à 77,200 sacs de farine, mesure d'ailleurs inefficace et souvent illusoire.

De tout ce que nous venons d'exposer, il résulte : *que le système des réserves a été essayé presque continuellement depuis* 1789, *époque de la suppression des approvisionnemens particuliers ; qu'il l'a été sur une échelle à peine suffisante pour protéger les intérêts de la ville de Paris ; enfin que si on a été forcé de l'abandonner, c'est surtout en raison des frais énormes de conservation.* En effet le prix le plus bas que l'on ait pu obtenir est, comme nous l'avons vu, de 3 fr. 32 c. 1/2 par quintal métrique, y compris intérêts de capital, et il en résulterait, pour une réserve de 6 millions de quintaux métriques, une dépense annuelle de 20,700,000 fr. sans compter les déchets, ce qui dépasserait de beaucoup la différence de prix entre l'achat dans les années abondantes et la vente dans les années de disette.

De plus, l'incertitude de la conservation des grains par les moyens connus, le danger d'avoir à livrer à la consommation des blés plus ou moins avariés, ce qui a plus d'une fois en pareil cas donné lieu à des accusations populaires ; toutes ces considérations réunies justifient l'abandon matériel d'un système reconnu cependant nécessaire en principe.

Si donc on parvenait à assurer la conservation des grains sans déchet de parties nutritives, à réduire les frais de cette conservation à un taux assez bas pour en trouver le remboursement, ainsi que celui de l'intérêt du capital, au moyen de la revente des grains, on aurait résolu le problème et il ne s'agirait plus que de le mettre en pratique, en appelant, ainsi que le demandent les économistes éclairés que nous avons cités, *les efforts réunis du gouvernement et des particuliers.*

La principale difficulté étant, comme nous l'avons vu, de conserver les grains d'une manière certaine et économique, on conçoit que beaucoup de tentatives aient dû être faites pour parvenir à ce résultat. Ces tentatives, encouragées par tous les gouvernemens si intéressés à la solution de cette question sociale, remontent aux époques les plus reculées, et l'on peut voir dans le rapport de l'Académie des sciences joint à ce mémoire, combien d'efforts ont été faits encore depuis peu d'années, par des hommes éminens dans la science et dans l'industrie, pour obtenir cette importante solution.

Le rapport de l'Académie des sciences constate que de tous les systèmes successivement proposés, pas un n'a obtenu de succès ; SILOS, DESSICCATION DU GRAIN, EMPLOI DES SUBSTANCES FÉTIDES ET DES GAZ DÉLÉTÈRES, tout a été essayé, puis abandonné comme impuissant ou trop dispendieux.

Un habile ingénieur, M. *Vallery* est enfin parvenu à résoudre le problème, et son importante découverte a reçu, après de longues expériences pratiques, l'approbation complète et unanime de la *Société royale d'agriculture, de la Société d'encouragement pour l'industrie nationale, de l'Académie des sciences et du jury central de l'exposition de* 1839. Cette approbation a été consignée dans les rapports que nous annexons à notre mémoire et par suite desquels il a été décerné à M. Vallery trois médailles d'or de première classe.

L'appareil de M. Vallery, qui porte le nom de *grenier mobile* et qui est un véritable grenier de conservation, en même temps qu'un appareil de nettoyage et de dessiccation des grains, met le blé à l'abri des altérations produites, soit par l'humidité, soit par toute autre cause ; il expulse le charançon, cet insecte si destructeur et doué d'une faculté de multiplication si effrayante (1) et il obtient ces résultats presque sans frais.

Son prix de construction est d'ailleurs inférieur à celui des greniers ordinaires, ainsi que cela est constaté par le rapport de la Société d'encouragement.

---

(1) Le rapport de l'Académie des sciences constate que 12 paires de charançons peuvent procréer, dans l'espace de deux à trois mois, 75,000 individus qui consomment chacun trois à quatre grains de blé pour leur subsistance.

Le grenier mobile diffère essentiellement des silos : 1° en ce qu'il ne soustrait pas le blé à la vue; 2° en ce qu'en y emmagasinant du grain de toute qualité, même humide, on n'a aucun inconvénient à craindre ; 3° en ce que le renouvellement du grain y est très facile et à peu de frais; 4° enfin, en ce que son mode de construction le rend transportable à volonté. L'on ne peut du reste élever aucun doute sur ses avantages pratiques, puisqu'indépendamment des résultats constatés par l'expérience, il est évident qu'il ne fait qu'appliquer mécaniquement et sans frais le procédé le plus ancien de conservation, *le remuage du blé à l'air libre*, connu sous le nom de *pelletage*.

Si donc il est impossible de contester que par ce moyen aussi ancien que la production du blé, on ait conservé pendant des espaces de temps assez considérables des grains dans les greniers ordinaires, et si, par exemple, les greniers fondés par le roi Stanislas à Nancy ont pu rendre pendant de longues années de grands services à la population en conservant le blé par le seul moyen du *pelletage*, il est également impossible de douter de l'efficacité du même mode rendu encore plus complet sous le rapport du mouvement et de l'aérage, et ramené à des moyens mécaniques d'une si grande simplicité et d'une économie telle, que le travail y est, suivant les calculs de M. le baron Séguier, dans la proposition de 1 à 560 avec le pelletage opéré par l'ancien système à bras d'homme.

La pratique est donc d'accord ici avec la science et la théorie.

Nous n'entrerons dans aucun détail technique sur la construction du grenier mobile ; nous renvoyons aux rapports des Sociétés savantes et à l'examen même de l'appareil, dont des modèles de 25, 100, et jusqu'à 1,200 hectolitres existent à Paris, à l'entrepôt d'octroi. Le grenier de 1,200 hectolitres est resté plein de blé pendant un an, et l'expérience a été complètement satisfaisante sous le double rapport de l'économie des frais et de la parfaite conservation.

C'était à l'absence de tout moyen économique et surtout certain de conservation du blé, qu'était due l'impossibilité de donner suite aux idées de réserve. C'est à l'importante découverte du grenier Vallery que nous devons de pouvoir aborder avec confiance cette immense question, et c'est sur l'emploi de ce grenier, combiné avec un système financier qui nous paraît facile à réaliser, que nous établissons le projet que nous allons exposer.

Avant de passer à cet exposé, il faut cependant examiner à quel principe on doit accorder la préférence pour l'organisation d'une réserve générale.

Cette question peut être considérée sous trois points de vue différens.

1° L'organisation par le gouvernement, à ses frais, pour son compte et par ses agens;

2° La réserve volontaire par les producteurs, avec avances de fonds sur consignations de leurs grains;

3° L'achat et vente de grains par une Compagnie soumise à des réglemens administratifs qui puissent prévenir tout abus.

Le premier mode est repoussé avec raison par un grand nombre d'économistes; en effet, si l'on transforme le gouvernement en spéculateur privilégié sur un article aussi important que les grains, on le place entre la cupidité du producteur et l'ignorance du consommateur, et on lui attire ainsi leur animadversion commune; d'un autre côté l'administration éprouvera dans des transactions commerciales et des opérations nombreuses, mille diffisultés pratiques de détail que surmontera plus facilement une Compagnie composée d'hommes spéciaux; enfin, la spéculation sur un article de ce genre serait contraire à un système régulier de finances, car elle exigerait, pendant les années d'abondance, des dépenses très considérables d'achat, et offrirait dans les années de cherté des recettes inattendues.

La réserve volontaire avec avance sur consignation serait sans doute préférable, mais elle présenterait le même inconvénient d'irrégularité dans les recettes et dépenses; de plus, la défiance et la cupidité des producteurs susciteraient d'énormes difficultés à la réception et à la livraison des grains; enfin qui répondrait qu'en cas de cherté il ne se formerait pas entre les propriétaires de blés consignés une sorte de ligue pour maintenir les prix, et quel serait le moyen de les en empêcher sans attaquer la liberté du commerce, et mettre obstacle pour l'avenir aux consignations volontaires qui seraient la base du mode adopté?

Nous ne voyons donc de réalisable que le troisième et dernier système, celui d'une Compagnie, qui, soumise à l'action et à la surveillance du gouvernement, ferait, dans les années d'abondance, des achats propres à empêcher l'avilissement trop grand des prix, et dans les années de cherté, verserait ses approvisionnemens sur la population, en raison des mercuriales, des lois d'importation et de ses réglemens spéciaux.

Cette Compagnie devrait être créée dans un but d'intérêt public et non dans un intérêt de spéculation, disposée à empêcher les grandes hausses plutôt qu'à en profiter, et constituée de manière à ce que les bénéfices résultant de ses opérations tournassent en définitive au profit du principe de réserve et du bien-être des populations.

Telle est l'idée que nous nous faisons de la Compagnie que nous proposons de fonder; tel est le but que nous voulons et que nous espérons atteindre.

La consommation annuelle de la France en céréales est évaluée à environ 72 millions de quintaux métriques (1), soit 6 millions de quintaux par mois. Il est reconnu que le déficit dans les mauvaises années ne s'élève jamais à plus de trois mois de consommation, mais alors les légumes farineux, les grains secondaires, l'orge, le seigle, etc., entrent pour une plus grande part dans la nourriture de l'homme, et ce secours diminue les effets du déficit.

On peut donc admettre que la quantité de blé nécessaire à deux mois de consommation pourrait subvenir aux besoins de quatre années de cherté, calculées à un déficit moyen de quinze jours. Deux mois de nourriture supposent 12 millions de quintaux métriques de blé, et ce serait par conséquent sur cette quantité que devrait être basé un système de réserve assez large pour suffire à tous les besoins possibles.

---

(1) Ces 72 millions de quintaux métriques ne sont pas 72 millions de quintaux métriques de froment, mais leur équivalent en poids et à peu près en argent; au reste, cette évaluation est déjà ancienne, et on peut compter aujourd'hui sur 75 à 80 millions.

Mais, indépendamment de ce que la prévision de quatre années de cherté est un maximum extrêmement rare, il faut reconnaître aussi que l'achat de 12 millions de quintaux métriques de blé exigerait un capital trop considérable; en attendant donc que l'extension même de notre projet parvienne à cet important résultat, il nous suffit d'établir nos calculs sur une base assez large pour subvenir aux besoins probables, et remédier au moins à la cherté excessive des subsistances, surtout dans les villes où, comme nous l'avons dit, le consommateur n'a aucun moyen de substituer au froment une nourriture en grains secondaires.

Nous nous bornons en conséquence à proposer un approvisionnement de 6 millions de quintaux métriques de blé, et nous évaluons le capital nécessaire pour cette opération à 200 millions de francs, savoir :

Achats de 6 milions de quintaux métriques de blé à 22 fr. 50 c. au plus le quintal.	135,000,000
Construction de bâtimens et de greniers mobiles à 9 fr. 50 c. par quintal	57,000,000
Construction de moulins pour la mouture ; achat de terrains, dépenses diverses et imprévues.	8,000,000
TOTAL.	200,000,000

Ce capital est considérable, sans doute, mais il ne sera pas difficile à réaliser, si le gouvernement, pénétré des immenses avantages de la création des réserves, veut assurer aux souscripteurs, au moyen d'une subvention annuelle, un concours fondé sur les mêmes bases que celui qu'il accorde aux canaux et chemins de fer, nous voulons dire la *garantie d'un minimum d'intérêt.*

Toutefois, ce n'est pas entièrement sous cette forme ni dans cette limite que nous appelons le concours du gouvernement; car, à la garantie d'un minimum d'intérêts, il faut toujours ajouter l'espoir d'un intérêt plus élevé. Or, nous voulons que la Compagnie de la réserve ne participe en rien aux idées ordinaires de spéculation, et que les capitalistes qui y prendront part se contentent de la garantie de leurs fonds en capital et intérêts ; c'est, suivant nous, le seul moyen de moraliser une entreprise de ce genre, et de faire que les populations ne lui soient pas hostiles. Les bénéfices, et nous prouverons qu'il doit y en avoir de considérables, seraient exclusivement consacrés à l'amortissement du capital, et en même temps à l'extinction successive de la subvention gouvernementale, en sorte qu'à l'expiration d'un certain nombre d'années, cette subvention cesserait tout-à-fait, et que l'approvisionnement de la France serait un fait acquis, et deviendrait propriété publique et nationale.

La Compagnie de réserve étendrait à plusieurs points de la France ses bases d'opérations pour rendre son action plus générale et plus efficace; elle achèterait des grains à un taux qui n'excéderait pas 22 fr. 50 c. le quintal métrique en magasin; et si l'on consulte le tableau des mercuriales annexé à ce mémoire, qui comprend les années 1800 à 1839, on verra qu'il est facile d'obtenir ce résultat, puisque le blé a été fréquemment, pendant ces trente-neuf années, à 12, 13 et 14 fr. l'hectolitre, soit de 16 à 18 fr. 65 c. le quintal métrique.

Les ventes se feraient toutes les fois que le blé s'élèverait au prix minimum de 34 fr. le quintal. Elles seraient dirigées autant que possible dans le but d'empêcher une trop grande hausse sur les prix qui se sont élevés en 1802, 1812, 1817, jusqu'à 40, 45 et 56 fr. l'hectolitre, soit de 53 à 75 fr. le quintal.

On réaliserait ainsi des bénéfices dont la totalité serait, comme nous venons de le dire, employée à un remboursement de capital par tirage, jusqu'à ce que, par suite de ces bénéfices, le capital fût entièrement amorti, et par suite, la subvention éteinte.

Dans toute la durée de sa constitution, la Société serait soumise à une surveillance administrative et à des règles dont elle ne pourrait s'écarter, et qui garantiraient les intérêts du trésor, en même temps que les besoins de la subsistance publique; au reste, il y aurait peu à se prémunir contre des craintes de vues trop intéressées de la part de la Compagnie, puisque les bénéfices qu'elle aurait à réaliser ne lui appartiendraient en aucun cas.

Nous insistons d'ailleurs sur la condition de ne pas s'écarter des moyens et des usages commerciaux, et d'appeler le commerce à prendre part, autant que possible, aux opérations de la Compagnie ; on se donnerait, par cette précaution, de puissans auxiliaires au lieu de concurrens hostiles : ainsi, les boulangers de Paris seraient sans nul doute disposés à confondre leurs approvisonnemens avec ceux de la Compagnie, qui leur donnerait, dans certaines circonstances, l'appui et les garanties dont ils pourraient avoir besoin.

Comme il arriverait nécessairement que la Compagnie aurait dans certaines années des fonds non utilisés sur son capital disponible, elle les emploierait en valeurs du gouvernement réalisables à volonté; et l'intérêt de ces valeurs entrerait alors en déduction de la subvention annuelle.

Nous avons à examiner maintenant quel devrait être le chiffre de la subvention du trésor, et si ce chiffre, en raison de l'élévation du capital, ne serait pas trop élevé lui-même pour permettre la réalisation du projet. Pour cela, nous nous reporterons aux traités faits pendant la révolution, l'empire et la restauration.

Nous avons vu que le plus bas prix auquel on ait pu traiter a été de 3 fr. 32 c. 1/2 par quintal métrique, y compris les frais accessoires et intérêts du capital, et que le gouvernement n'a pas craint de dépenser pendant une longue période 1,335,000 fr. par an pour le faible approvisionnement de 250,000 quintaux métriques. Nous ne demanderions pas, à beaucoup près, le minimum de 3 fr. 32 c. 1/2, et nous avons calculé qu'il suffirait à la Compagnie d'une allocation de 1 fr. 65 c. par quintal métrique pour couvrir tous ses frais, même ceux de surveillance administrative et les intérêts de capital : ce serait donc pour 6 millions de quintaux métriques une subvention annuelle de 9 millions de francs, savoir : 8 millions pour intérêt à 4 p. 0/0 du capital, et un million au maximum, pour manutentions diverses, frais d'administration, entretien d'immeubles et d'appareils, assurances contre l'incendie, etc., ce qui constituerait pour les souscripteurs un véritable prêt à 4 p. 0/0, garanti par le gouvernement. Toutefois, comme l'intérêt à 4 p. 0/0 ne suffirait probablement pas pour obtenir la souscription des 200 millions, nous y ajouterions une prime au remboursement, calculée à 5 p. 0/0 du capital et payée sur les bénéfices.

Cette subvention de 9 millions irait en décroissant au fur et à mesure des réalisations de bénéfices résultant des ventes; elle serait bornée à une durée qui aurait pour limite extrême, comme nos calculs le démontreront, le retour successif de trois années de cherté ; et comme ce retour peut être évalué à environ une année sur six, il en résultera que la limite ne s'élèverait en aucun cas à plus de dix-huit années qui, au taux moyen de 6 millions par an, représenterait une dépense totale de 108 millions. Après ce délai et moyennant cette dépense, le gouvernement serait propriétaire d'une réserve en grains et d'immeubles, représentant une valeur réelle de 200 millions.

Non seulement ainsi, le trésor aurait fait une opération qui lui présenterait un bénéfice de 92 millions de francs; mais pendant dix-huit ans il aurait rendu d'immenses services au pays, *empêchant dans les années d'abondance l'avilissement de prix si funeste à l'agriculture; soulageant le peuple dans les années de disette; assurant à l'industrie manufacturière un préservatif contre les crises commerciales; sauvant au pays la sortie énorme de capitaux qu'entraîne l'importation des grains; se préservant lui-même des sacrifices que lui imposent l'intérêt de l'ordre social et les préoccupations politiques; et enfin asurant au pays l'accroissement progressif de population qui tient à la régularité du prix des subsistances.*

Nous avons voulu, au reste, dans l'évaluation ci-dessus, présenter un maximum, et il est évident que la dépense pour le trésor serait très inférieure au chiffre de 108 millions.

Nous allons le prouver par l'examen calculé des mercuriales de quarante années et en nous rendant compte de ce qui se serait passé si notre projet eût été mis à exécution dès l'année 1800.

Les premiers achats eussent été faits en 1800 où le minimum des prix fut de 17 fr. 82 c c. et la moyenne de 18 fr. 29 c. le quintal métrique (voir le tableau des mercuriales de Paris à la fin de ce mémoire) (1). Or en supposant que les achats de la Com-

(1) Les prix de ce tableau sont calculés à l'hectolitre de 75 kil. ; il suffit, pour ramener ces prix au quintal, de les augmenter d'un tiers. Nous donnons plus loin les motifs qui nous ont fait prendre pour base les mercuriales de Paris.

pagnie eussent eu l'influence d'élever ces prix jusqu'à 20 francs on eût acheté 6 millions de quintaux métriques qui auraient coûté 120 millions de francs.

L'année 1801 se serait écoulée sans affaires, la moyenne y ayant été de 19 fr. 14 c. l'hectolitre ou 25 fr. 13 c. le quintal métrique.

En 1802, où le prix du blé s'éleva jusqu'à 48 fr. 13 c. le quintal métrique, et où la moyenne fut de 37 fr. 70 c., on eût vendu au moins à 34 fr. tout en opérant sur les cours une baisse utile aux populations (1).

De 1802 à 1804, le prix des mercuriales ne permettant ni achats ni ventes, on eût placé le capital disponible de 135 millions en valeurs du gouvernement, dont nous compterons l'intérêt à 3 pour 100 par an (2).

En 1804, la moyenne des prix ayant été de 19 fr. 10 c. le quintal métrique, on eût acheté encore à 20 fr., et on eût gardé jusqu'en 1812, où l'on eût vendu au moins à 40 fr., puisque les prix se sont élevés jusqu'à 58 fr. 94 c. et que la moyenne a été de 44 fr. 80 c.

Nous résumons ces faits au moyen du tableau suivant, n° 1 :

---

(1) On pourrait d'ailleurs n'accorder ce prix réduit qu'aux classes pauvres, au moyen d'attestations municipales, ainsi que cela a lieu à Paris dans les années calamiteuses ; en effet, lorsque le pain est à Paris à plus de 80 c. les 2 kilos, l'administration municipale délivre des cartes au moyen desquelles les ouvriers ne le paient que 80 centimes, et la ville rembourse l'excédant aux boulangers ; il a été distribué ainsi jusqu'à 200,000 *cartes* par jour, qui représentaient pour la ville de Paris une perte journalière de 40,000 à 60,000 fr. et ce fait se représente tous les six ans environ, dans une proportion plus ou moins considérable ; en 1817, on a maintenu le pain à Paris pendant 200 jours à 1 fr. au lieu de 1 fr. 60 c., et cette mesure a coûté 16 millions de fr.

(2) Nous devons faire observer qu'une pareille lacune dans la réserve présenterait de graves inconvéniens, et on verra plus tard que nous proposons d'y remédier ; nous ne l'admettons ici que pour ne pas donner à nos calculs une complication qui en diminuerait la clarté.

TABLEAU N° 2.

APITAL : 200 *millions, dont* 65 *millions employés en greniers, et* 135 *millions disponibles pour achats de blé.* — SUBVENTION ANNUELLE : 9 *millions avec diminution progressive en raison des bénéfices* — MAXIMUM DES ACHATS : 22-50 *le quintal métrique.* — MINIMUM DES VENTES : 33 *fr. le quintal métrique.* — DÉLAI DE L'OPÉRATION *de* 1814 *à* 1829 : 15 *années divisées en trois périodes.*

PREMIÈRE PÉRIODE DE 1814 à 1817. — 3 ANS.

Achat de 6 millions de quintaux métriques dans le courant de 1814.		DÉPENSES.
Minimum des mercuriales, 14-55 l'hect., soit le q. m.	19 40	—
Moyenne desdites, 16-53 l'hect., soit le q. m.	22 »	
Prix d'achat	22 50	
Montant de l'achat		135,000,000
Total des dépenses		135,000,000

Vente de 6 millions de quintaux métriques dans le courant de 1817.		PRODUITS.
Maximum des mercuriales, 50-82 l'hect., soit le q. m.	67 76	—
Moyenne desdites, 38-84 l'hect., soit le q. m.	51 78	
Prix de vente	43 »	
Montant de la vente		258,000,000
Total des produits		258,000,000

BALANCE.	
Produits	258,000,000
Dépenses	135,000,000
Bénéfice	123,000,000
A déd. prime au remb. 5 °/₀ sur 123 millions	6,150,000
Bénéfice applicable à l'amort. du capital	116,850,000

Le capital à rembourser serait donc réduit de 200 millions à 83,150,000

DEUXIÈME PÉRIODE DE 1817 à 1822. — 5 ANS.

Sans affaires en raison du prix des mercuriales.

	DÉPENSES.		PRODUITS.
	—	Intérêts de 135 millions de capital disponible à 3 °/₀ par an pendant 5 ans	20,250,000
		Total des produits	20,250,000

BALANCE.	
Produit	20,250,000
A déd. prime au remb. 5 °/₀ sur 20,250,000	1,012,500
Produit net applicable à l'amort. du capital.	19,237,500

Le capital à rembourser serait donc réduit de 83,150,000 à 63,912,500

TROISIÈME PÉRIODE DE 1822 à 1829. — 3 ANS.

Achat de 6 millions de quintaux métriques dans le courant de 1822.		DÉPENSES.
Minimum des mercuriales de l'année (*omis au tableau*).		—
Moyenne desdites, 15-16 l'hectolitre, soit le quintal mét.	20 20	
Prix d'achat	21 »	
Montant de l'achat		126,000,000
Total des dépenses		126,000,000

Vente de 6 millions de quintaux métriques dans le courant de 1829.		PRODUITS.
Maximum des mercuriales, 35-31 l'hect., soit le q. m.	44 41	—
Moyenne desdites, 27-42 l'hect., soit le q. m.	36 56	
Prix de vente	33 »	
Montant de la vente		198,000,000
Intérêts de 9 millions de capital non employé à 3 °/₀ l'an pendant 7 ans		1,890,000
Total des produits		199,890,000

BALANCE.	
Produits	199,890,000
Dépenses	126,000,000
Bénéfice	73,890,000
A déd. prime au remb. 5 °/₀ sur 73,890,000	3,694,500
Bénéfice net applicable à l'amort. du capital	70,195,500

Ce qui achèverait le remboursem. du capital avec un excédant de 6,283,000

SUBVENTION

Calculée pendant la première période à 4 p. 0/0 du capital de 200 millions, puis pendant les deux autres périodes à 4 p. 0/0 du capital successivement réduit à 83,150,000 et à 63,912,500 (voir ci-dessus), plus un million par an pour frais généraux.

PREMIÈRE PÉRIODE.	— Capital 200,000,000 à 4 °/₀ par an pour 3 ans	24,000,000	27,000,000
	Frais généraux à 1,000,000 par an *dito.*	3,000,000	
DEUXIÈME PÉRIODE.	— Capital 83,150,000 à 4 °/₀ par an, pour 5 ans	16,630,000	21,630,000
	Frais généraux à 1,000,000 par an *dito.*	5,000,000	
TROISIÈME PÉRIODE.	— Capital 63,912,500 à 4 °/₀ par an, pour 7 ans	17,895,500	24,895,500
	Frais généraux à 1,000,000 par an *dito.*	7,000,000	
	Total		73,525,500
	D'où déduisant l'excédant ci-dessus (*voir 3e période*)		6,283,000
	Reste pour subvention définitive		67,242,500

RÉSUMÉ.

Le capital amorti étant de	200,000,000
La subvention de	67,242,500
Il en résulte que le bénéfice net acquis de 1814 à 1829 aurait été de 132 millions 757 mille 500 francs, ci	132,757,500

TABLEAU N° 1.

CAPITAL : 200 *millions, dont* 65 *millions employés en greniers et* 135 *millions disponibles pour achats de blé.* — SUBVENTION ANNUELLE : 9 *millions, avec diminution progressive en raison des bénéfices.* — MAXIMUM DES ACHATS : 20 *fr. le quintal métrique.* — MINIMUM DES VENTES : 34 *le quintal métrique.* — DÉLAI DE L'OPÉRATION : *de* 1800 *à* 1812 ; 12 *années divisées en trois périodes.*

PREMIÈRE PÉRIODE DE 1800 à 1802. — 2 ANS.

Achat de 6 millions de quintaux métriques dans le courant de 1800.		DÉPENSES.
		—
Minimum des mercuriales, 13-37 l'hect., soit le q. m.	17 28	
Moyenne desdites, 14-19 l'hect., soit le q. m.	18 92	
Prix d'achat	20 »	
Montant de l'achat		120,000,000
Total des dépenses		120,000,000

Vente de 6 millions de quintaux métriques dans le courant de 1802.		PRODUITS.
		—
Maximum des mercuriales, 36-10 l'hect., soit le q. m.	48 13	
Moyenne desdites, 28-27 l'hect., soit le q. m.	37 70	
Prix de vente	34 00	
Montant de la vente		204,000,000
Intérêts de 15 millions de capital non employé à 3 % par an, pendant 2 ans,		900,000
Total des produits		204,900,000

BALANCE.		
	Produits	204,900,000
	Dépenses	120,000,000
	Bénéfices	84,900,000
	A déd. prime au remb. 5 % sur 84,900,000	4,245,000
	Bénéfice applicable à l'amort. du capital	80,655,000

Le capital à rembourser serait donc réduit de 200 millions à 119,335,000

DEUXIÈME PÉRIODE DE 1802 à 1804. — 2 ANS.

	DÉPENSES.
	—

Sans affaires en raison du prix des mercuriales.	PRODUITS.
	—
Intérêts de 135 millions de capital disponible à 3 % par an pendant 2 ans	8,100,000
Total des produits	8,100,000

BALANCE.		
	Produit	8,100,000
	A déd. prime au remb. 5 % sur 8,100,000	1,405,000
	Produit net applicable à l'amort. du capital	7,695,000

Le capital à rembourser serait donc réduit de 119,335,000 à 111,650,000

TROISIÈME PÉRIODE DE 1804 à 1812. — 12 ANS.

Achat de 6 millions de quintaux métriques dans le courant de 1804.		DÉPENSES.
		—
Minimum des mercuriales, 12-12 l'hect., soit le q. m.	16 16	
Moyennes desdites, 14-33 l'hect., soit le q. m.	19 10	
Prix d'achat	20 »	
Montant de l'achat		120,000,000
Total des dépenses		120,000,000

Vente de 6 millions de quintaux métriques dans le courant de 1812.		PRODUITS.
		—
Maximum des mercuriales, 44-21 l'hect., soit le q. m.	58 94	
Moyennes desdites, 33-60 l'hect., soit le q. m.	44 80	
Prix de vente	40 »	
Montant de la vente		240,000,000
Intérêts de 15 millions de capital non employé à 3 % par an, pendant 8 ans		3,600,000
Total des produits		243,600,000

BALANCE.		
	Produits	243,600,000
	Dépenses	120,000,000
	Bénéfice	123,600,000
	A déd. prime au remb. 5 % sur 123,600,000	6,180,000
	Bénéfice net applicable à l'amort. du capital	117,420,000

Ce qui achèverait le rembours^t du capital avec un excédant de 5,770,000

SUBVENTION

Calculée pendant la première période à 4 p. 0/0 du capital de 200 millions; puis pendant les deux autres périodes à 4 p. 0/0 du capital successivement réduit à 119,355,000 et 111,650,000 (voir ci-dessus), plus un million par an, pour frais généraux.

PREMIÈRE PÉRIODE. —	Capital 200,000,000 à 4 % par an, pour 2 ans	16,000,000	18,000,000
	Frais généraux à 1,000,000 par an, *dito*	2,000,000	
DEUXIÈME PÉRIODE. —	Capital 119,335,000 à 4 % par an, pour 2 ans	9,547,600	11,547,600
	Frais généraux à 1,000,000 par an, *dito*	2,000,000	
TROISIÈME PÉRIODE. —	Capital 111,650,000 à 4 % par an, pour 8 ans	35,728,200	43,728,200
	Frais généraux à 1,000,000 par an, *dito*	8,000,000	
	Total		73,275,800
	D'où déduisant l'excédant ci-dessus *(voir 3e période)*		5,770,000
	Reste pour subvention définitive		67,505,800

RÉSUMÉ.

Le capital amorti étant de	200,000,000
La subvention de	67,505,800
Il en résulte que le bénéfice matériel acquis de 1800 à 1812 aurait été de 132 millions 494 mille 200 francs, ci	132,494,200

Il résulte du tableau qui précède que, moyennant un sacrifice de 67,505,800 fr., le Trésor eût acquis, en douze ans, une propriété réelle de 200 millions de fr., c'est-à-dire fait un bénéfice matériel de 132,494,200 fr., réduit d'environ 4 à 5 fr. par quintal métrique le prix du blé dans deux années calamiteuses; et enfin élevé ce prix de près de 1 fr. dans deux années trop abondantes. Ce dernier résultat exerçant son influence sur l'ensemble des marchés du pays, on eût ainsi procuré à l'agriculture un accroissement de produits, qui peut être évalué au moins à 80 millions de fr.

On dira peut-être que de telles circonstances ne se présenteront pas toujours de manière à faire cesser aussi promptement et avec de si grands avantages l'obligation contractée par le Trésor sous forme de subvention; cependant, si nous continuons notre examen, nous trouverons, en nous appuyant toujours sur les mercuriales : 1° que les achats eussent pu être faits en 1814 au prix de 22 fr. 50 c. le quintal métrique, puisque les prix ont baissé cette année jusqu'à 19 fr. 40 c., et que la moyenne a été de 22 fr.; et que les ventes eussent pu être réalisées en 1817 au prix de 43 fr. le quintal métrique, puisque les grains se sont élevés jusqu'à 67 fr. 76 c., et se sont maintenus pendant l'année presque entière de 47 à 54 fr.; 2° qu'en 1822, où la moyenne a été de 20 fr. 20 c., on eût pu acheter à 21 fr. le quintal métrique, pour vendre au moins à 33 fr. en 1829, où la moyenne a été de 36 fr. 56 c., et le maximum de 44 fr. 41 c.

Cette nouvelle période d'opérations est résumée dans le tableau ci-joint n° 2 :

Les déboursés du Trésor eussent donc été pendant la période qui fait l'objet du tableau précédent de 67,242,500 fr. seulement, et le bénéfice matériel de 132,757,500 fr., en procurant, comme dans la première période, des hausses et des baisses de prix aux momens opportuns, et avec tous les avantages que nous avons énumérés dans l'examen de cette période.

Il résulte aussi de nos calculs qu'une compagnie organisée avec un capital de 200 millions, et pourvue de moyens économiques et certains de conservation, tels que ceux du grenier Vallery, aurait réalisé, de 1800 à 1829, non seulement les bénéfices énormes que nous venons d'énumérer, mais de plus considérables encore, puisqu'elle n'eût certainement pas limité ses prix de vente, et qu'elle eût profité des chances tout entières de sa spéculation (1).

Ce sont ces bénéfices que l'on peut regarder comme devant se représenter dans l'avenir par la périodicité des manques de récoltes, que nous proposons de moraliser en quelque sorte et de faire tourner au profit du pays.

Nous devons faire observer que la mercuriale prise pour base de nos calculs est celle du marché de Paris; mais ce marché est certainement celui où par la force des choses, et en raison surtout de la sollicitude du gouvernement, les variations sont les moins grandes; et comme nos évaluations sont basées, non sur les chiffres réels d'achat et de vente, mais sur la proportion entre ces chiffres, il s'en suit qu'on trouverait dans les prix des départemens des élémens de calcul propres à présenter des bénéfices encore plus élevés.

Il résulte de tout ce que nous venons d'exposer que dans chacune des deux périodes examinées, savoir de 1800 à 1812, et de 1814 à 1829, la dépense subventionnelle du Trésor n'eût été que d'environ 67 millions, contre un bénéfice de 200 millions; mais si nous supposons que le gouvernement eût astreint la compagnie à vendre au-dessous des prix qui nous ont servi de base, et que cette mesure eût entraîné la nécessité d'adjoindre à la première période un des retours de cherté de la période suivante, nous trouverions que le maximum de délai eût été de *dix-sept ans*, la dépense subventionnelle de 83,595,200 fr., et le bénéfice net de 116,404,800 fr.

On en verra la preuve dans le tableau suivant n° 3 :

---

(1) Ce serait évidemment une chose grave et dangereuse pour le pays, que de laisser établir une telle compagnie, et le meilleur moyen d'y mettre obstacle est d'entreprendre l'opération par la réunion *des moyens commerciaux et administratifs.*

TABLEAU N° 3.

TAL : 200 *millions, dont* 65 *millions employés en greniers, et* 135 *millions disponibles pour achats de blé.* — SUBVENTION ANNUELLE : 9 *millions avec diminution progressive raison des bénéfices.* — MINIMUM DES ACHATS : 22-50 *le quintal métrique.* — MAXIMUM DES VENTES : 34 *fr. le quintal métrique.* — DÉLAI DE L'OPÉRATION *de* 1800 *à* 1847 : *années divisées en cinq périodes.*

PREMIÈRE PÉRIODE DE 1800 à 1802. — 2 ANS.

hat de 6 millions de quintaux métriques dans le courant de 1800.	DÉPENSES.	Vente de 6 millions de quintaux métriques dans le courant de 1802.	PRODUITS.
inimum des mercuriales 13-37 l'hect., soit le q. m.. 17 82	—	Maximum des mercuriales 36-10 l'hect., soit le q. m.. 48 13	—
oyennes desdites, 14-19 l'hect., soit le q. m.. 18 92		Moyenne desdites, 28-27 l'hect., soit le q. m.. 37 70	
rix d'achat........ 22 50		Prix des ventes........ 34 »	
ontant de l'achat........	135,000,000	Montant de la vente........	204,000,000
Total des dépenses........	135,000,000	Total des produits........	204,000,000

BALANCE.		
	Produits........	204,000,000
	Dépenses........	135,000,000
	Bénéfice........	69,000,000
	A déd. prime au remb.: 5 °/₀ sur 69,000,000	3,450,000
	Bénéfice net applicable à l'amort. du capital	65,550,000

Le capital à rembourser serait donc réduit de 200 millions à 134,450,000

DEUXIÈME PÉRIODE DE 1802 à 1804. — 2 ANS.

Sans affaires en raison du prix des mercuriales.

	DÉPENSES.		PRODUITS.
	—	Intérêts des 135 millions de capital disponible à 3 °/₀ pendant 2 ans........	8,100,000
		Total des produits........	8,100,000

BALANCE.		
	Produit........	8,100,000
	A déd, prime au remb.: 5 °/₀ sur 8,100,000	405,000
	Produit net applicable à l'amort. du capital	7,695,000

Le capital à rembourser serait donc reduit de 134,450,000 à 126,755,000

TROISIÈME PÉRIODE DE 1804 à 1812. — 8 ANS.

hat de 6 millions de quintaux métriques dans le courant de 1804.	DÉPENSES.	Vente de 6 millions de quintaux métriques dans le courant de 1812.	PRODUITS.
inimum des mercuriales, 12-12 l'hect., soit le q. m.. 16 16	—	Maximum des mercuriales, 44-21 l'hect., soit le q. m.. 58 94	—
oyenne desdites, 14-33 l'hect., soit le q. m.. 19 80		Moyenne desdites, 33 fr. 60 c. l'hect, soit le q. m.. 44 80	
ix d'achat........ 22 50		Prix de vente........ 34 »	
ontant de l'achat........	135,000,000	Montant de la vente........	204,000,000
Total des dépenses........	135,000,000	Total des produits........	204,000,000

BALANCE.		
	Produits........	150,000,000
	Dépenses........	23,000,000
	Bénéfice........	69,000,000
	A déd. prime au remb.: 5 °/₀ sur 69 millions	3,450,000
	Bénéfice net applicable à l'amort. du capital	65,550,000

Le capital à rembourser serait donc réduit de 126,755,000 à 61,205,000

QUATRIÈME PÉRIODE DE 1812 à 1814. — 2 ANS.

Sans affaires en raison du prix des mercuriales.

	DÉPENSES.		PRODUITS.
	—	Intérêts des 135 millions de capital disponible à 3 °/₀ pendant 2 ans........	8,100,000
		Total des produits........	8,100,000

BALANCE.		
	Produit........	8,100,000
	A déd. prime au remb. 5 °/₀ sur 8,100,000	405,000
	Produit net applicable à l'amort. du capital.	7,695,000

Le capital à rembourser serait donc réduit de 61,205,000 à 53,510,000

CINQUIÈME PÉRIODE DE 1814 à 1817. — 3 ANS.

hat de 6 millions de quintaux métriques dans le courant de 1814.	DÉPENSES.	Vente de 6 millions de quintaux métriques dans le courant de 1817.	PRODUITS.
inimum des mercuriales, 14-55 l'hect., soit le q. m.. 19 40	—	Maximum des mercuriales 50-82 l'hect., soit le q. m.. 67 76	—
oyenne desdites, 16-33 l'hect., soit le q. m.. 22 00		Moyenne desdites, 38-84 l'hect., soit le q. m.. 51 78	
ix d'achat........ 22 50		Prix de vente........ 34 »	
ontant de l'achat........	135,000,000	Montant de la vente........	204,000,000
Total des dépenses........	135,000,000	Total des produits........	204,000,000

BALANCE.		
	Produits........	204,000,000
	Dépenses........	135,000,000
	Bénéfice........	69,000,000
	A déd. prime au remb.: 5 °/₀ sur 69,000,000	3,450,000
	Bénéfice net applicable à l'amort. du capital	65,550,000

Ce qui achèverait le remboursem. du capital avec un excédant de 12,040,000

SUBVENTION

alculée pendant la première période à 4 p. °/₀ du capital de 200 millions, puis pendant les quatre autres périodes à 4 p. °/₀ du capital successivement réduit à 134,450,000, à 126,755,000, à 61,205,000, et à 53,510,000 (voir ci-dessus), plus un million par an pour les frais généraux.

PREMIÈRE PÉRIODE.	— Capital 200,000,000 à 4 °/₀ par an, pour 2 ans........	16,000,000	18,000,000
	Frais généraux à 1,000,000 par an *dito.*	2,000,000	
DEUXIÈME PÉRIODE.	— Capital 134,450,000 à 4 °/₀ par an, pour 2 ans........	10,756,000	12,756,000
	Frais généraux à 1,000,000 par an *dito.*	2,000,000	
TROISIÈME PÉRIODE.	— Capital 126,755,000 à 4 °/₀ par an, pour 8 ans,........	40,561,600	48,561,600
	Frais généraux à 1,000,000 par an *dito.*	8,000,000	
QUATRIÈME PÉRIODE.	— Capital 61,205,000 à 4 °/₀ par an, pour 2 ans........	4,896,400	6,896,400
	Frais généraux à 1,000,000 par an *dito.*	2,000,000	
CINQUIÈME PÉRIODE.	— Capital 53,510,000 à 4 °/₀ par an, pour 3 ans........	6,421,200	9,421,200
	Frais généraux à 1,000,000 par an *dito.*	3,000,000	
	Total........		95,635,200
	D'où déduisant l'excédant ci-dessus (*Voir 5e Période*)........		12,040,000
	Reste pour subvention définitive........		83,595,200

RÉSUMÉ.

Le capital amorti étant de........	200,000,000
La subvention de........	83,595,200
Il en résulte que le bénéfice matériel acquis de 1800 à 1817 aurait été de 116 millions 404 mille 800 francs, ci........	116,404,800

Ce dernier tableau répond aux objections qui pourraient nous être faites en raison de l'influence qu'exerceraient les achats et les ventes de la Compagnie sur les prix moyens des blés en France; mais, en admettant que cette influence fût plus grande encore que nous ne l'avons supposée, qu'en résulterait-il, et qui pourrait se plaindre d'un pareil résultat? Ce ne seraient pas les souscripteurs du capital prêté, puisque cette circonstance n'aurait pour eux d'autre effet que de retarder leur remboursement et n'altérerait en aucune façon leurs garanties. Quant à l'administration, si ce retard avait l'inconvénient de prolonger le paiement de la subvention, et d'en augmenter le chiffre moyen, ne trouverait-elle pas une compensation suffisante dans le bien général qui en résulterait pour l'agriculture et les populations?

Nous insisterons encore sur les immenses avantages qui résulteraient de l'opération projetée, indépendamment des bénéfices matériels que nous venons d'énumérer; ainsi le Trésor a dépensé de 1800 à 1829, en achats et reventes de blé et en secours aux populations, plus de 150 millions que la réserve lui eût épargnés. La ville de Paris a ajouté à ce chiffre des dépenses également très considérables, évaluées par M. Millot d'après les états administratifs (1) à 1 fr. 42 c. par habitant, ce qui, appliqué à la population actuelle, représenterait plus de 1,300,000 fr. par an.

Les administrations municipales des départemens ont également fait de grands sacrifices.

La population de Paris a eu de plus à souffrir des compensations importantes accordées aux boulangers, pour contrebalancer par des bénéfices, dans les années d'abondance, les pertes éprouvées par eux dans les années de cherté. Enfin nous voyons par les états de douane que les importations ont été dans la période de nos calculs ci-dessus, 1800 à 1830, de 19,543,999 quintaux métriques de blé, soit, à 30 fr. le quintal métrique, 586,319,970 fr. qui sont sortis de France, au préjudice des intérêts du pays et du

(1) *Budget municipal du Parisien*, publié par M. Millot en 1838 et cité dans les documens du rapport sur la loi des fortifications de Paris.

Trésor, et qui eussent pu être économisés par un bon système de réserve.

La subvention que nous proposons d'imposer au Trésor public serait donc loin d'être une charge pour l'état; mais en supposant même qu'il en fût ainsi, et que la subvention primitive de 9 millions dût être perpétuelle et sans compensations, ce sacrifice serait encore inférieur à ceux que les années de cherté excessive imposent au Trésor et aux administrations municipales par les secours annuels, au pays tout entier par les importations, à l'ordre public, enfin, par les dangers des perturbations sociales. En un mot l'organisation des réserves présenterait au pays plus d'avantages et imposerait au gouvernement moins de sacrifices définitifs que ne le fait une institution si justement protégée par lui, celle des Caisses d'Épargne.

Les statuts de la Compagnie que nous proposons de fonder devraient embrasser un grand nombre de cas, et nous sommes prêts à examiner tous les points que nous avons déjà étudiés, ainsi que ceux qui pourront se présenter dans la discussion. Ainsi le nombre et l'indication des localités où des réserves devraient être établies. — Les limites et les époques d'achats et de ventes; — le mode de ces transactions; — leur extension aux grains autres que le froment, et particulièrement aux avoines, ainsi qu'aux légumes secs, etc. (1). — Le mode des remboursemens de capital avec ou sans prime. — La question des conditions auxquelles il pourrait être traité pour les approvisionnemens de la guerre, de la marine, des hôpitaux et de la gendarmerie. — Celle des

---

(1) Les légumes secs forment une grande partie de la nourriture du peuple dans le midi de la France, et en 1839 les approvisionnemens en ont été en partie détruits par l'humidité. Quant à l'avoine, les travaux du savant Magendie ont prouvé que la plupart des maladies des chevaux, même la morve, pouvaient être attribuées à la fermentation de ce grain.

Le système de conservation Vallery est parfaitement applicable aux avoines et aux légumes secs.

approvisionnemens de Paris fortifié (1). — L'adjonction aux greniers de réserves, de moyens de mouture qui présenteraient l'avantage de renouveler annuellement les blés de la Compagnie, et celui de produire des farines, dans les saisons les plus favorables à leur qualité et à leur conservation. — La possibilité d'admission des consignations volontaires. — La question très grave de savoir jusqu'à quel point il serait permis à la Compagnie d'épuiser ses réserves, de peur d'une succession d'années calamiteuses (2); tous ces points doivent nécessairement faire l'objet d'un examen approfondi.

Nous résumons en peu de mots l'ensemble de notre projet :

Création d'une compagnie anonyme avec un capital de deux cents millions de francs.

Établissement de greniers de réserves sur plusieurs points de la France; nous proposons *Paris, Lyon, Toulouse et Angers*, comme réserves intérieures, et les principaux ports de France, comme lieux d'entrepôts internationaux.

---

(1) La question des fortifications de Paris donne à notre projet un nouvel élément de force et d'actualité. — Si le gouvernement, soit pour faire les approvisionnemens de Paris, soit pour les rendre seulement possibles au moment d'une guerre, est obligé de faire, dès à présent, des constructions spéciales et d'y consacrer un capital considérable, ce sera sans doute un motif pour lui de favoriser l'exécution d'un projet qui lui épargnerait non seulement les dépenses de construction, mais aussi celles des achats de blé.

(2) Si l'on obligeait la Compagnie à conserver constamment 1,500,000 quintaux métriques de blé, dont 750,000 à Paris pour les besoins éventuels de guerre ou d'extrême disette, cette mesure n'aurait d'autre inconvénient que de prolonger d'un quart la durée de l'opération; au surplus, il est démontré, par les faits, que l'exportation de plus d'un million de quintaux métriques de blé est toujours suivie d'une cherté dans l'année suivante, lors même que les ressources réelles du pays restent suffisantes. On remédierait donc à cet effet fâcheux et qui, dans beaucoup de cas, est purement moral, en laissant toujours au moins un million de quintaux métriques en réserve réelle et apparente.

Achat et conservation de 6 millions de quintaux métriques de grains.

Subvention annuelle par le Trésor d'une somme de 9 millions qui devra être diminuée progressivement, au fur et à mesure des réalisations de bénéfices pour les ventes.

Régularisation des opérations de la Compagnie par l'action et la surveillance de l'administration.

Telles sont les bases que nous soumettons à l'attention du gouvernement, et qui pourraient être examinées comme question générale, par une commission composée d'hommes spéciaux et éminens dans l'administration et les chambres.

Nous croyons que l'intérêt public doit faire désirer la solution la plus prompte possible de cette importante question.

En effet, si la récolte de 1841 est abondante, comme toutes les apparences l'annoncent, l'organisation de la réserve devient immédiatement réalisable; mais une année de bonne récolte peut être suivie, comme on l'a vu plus d'une fois, d'une année de disette, et si cela arrivait, quels reproches n'aurait-on pas à se faire d'avoir retardé une mesure si nécessaire!

Nous avons invoqué l'exemple et les leçons du passé : nous ne connaissons pas l'avenir; mais qui sait s'il ne renferme pas dans son sein, et dans un temps peut-être rapproché de nous, une de ces catastrophes qu'entraîne le manque de récoltes, et qui peuvent aller jusqu'à troubler l'ordre social, et porter un coup funeste aux institutions du pays?

Au surplus, et en résumé, si les gouvernemens qui se sont succédé depuis 1789 n'ont pas hésité à dépenser 1,335,000 fr. par an, uniquement pour obtenir une réserve de 200 à 250,000 quintaux métriques de blé, qui ne pouvait subvenir qu'aux besoins de la ville de Paris dans les cas extrêmes; si le gouvernement impérial, auquel on ne peut refuser une haute intelligence des nécessités politiques et sociales, n'a pas craint de consacrer à ces mêmes besoins un capital de 30 à 40 millions de francs, en outre des frais annuels; comment le gouvernement actuel, si intéressé au maintien de l'ordre et au soulagement des classes pauvres et industrielles, ainsi qu'au bien être des agriculteurs, pourrait-il refuser d'entrer dans une voie qui lui impose si peu de sacrifices et lui assure de si grandes compensations?

Nous insistons donc sur un prompt examen de notre projet; si cet examen était favorable, le principe pourrait être adopté par les chambres, au moyen d'une loi générale, et il n'y aurait aucun inconvénient à ce qu'elles s'en rapportassent au gouvernement du soin de traiter les questions de détail et d'organisation.

Nous ne nous contentons pas d'appeler sur ce projet l'attention du gouvernement et des Chambres; nous réclamons aussi la discussion des organes de la publicité. Dans une question qui intéresse si gravement le bien-être des populations et l'ordre social, la presse, qui est le conseil-d'état du peuple, jugera sans doute qu'elle a aussi un droit à exercer et un devoir à remplir.

A. THOMAS.

Paris, 20 mars 1841.

PRÉFECTURE DE POLICE DE LA VILLE DE PARIS.

HALLE AUX GRAINS ET FARINES.

PRIX MOYEN DE L'HECTOLITRE DE FROMENT VENDU SUR LE CARREAU DE LA HALLE DE PARIS.

de 1800 à 1839.

Années.	Janvier.	Février.	Mars.	Avril.	Mai.	Juin.	Juillet.	Août.	Septemb.	Octobre.	Novemb.	Décemb.	Moyenne de l'année.
1800	15 050	15 050	15 650	15 090	14 070	13 780	13 370	14 240	15 976	15 881	16 255	16 678	14 190
1801	17 657	17 661	17 976	19 761	20 624	21 521	23 607	22 245	23 616	25 601	27 101	26 532	19 142
1802	26 036	27 162	36 107	32 541	34 994	31 606	26 697	23 494	25 805	25 197	25 723	25 885	28 276
1803	24 262	24 765	22 923	19 847	18 291	16 484	17 301	16 326	16 070	15 902	14 437	14 293	21 420
1804	14 350	13 707	13 151	12 800	12 127	14 163	15 792	15 520	14 367	15 623	15 865	16 865	14 331
1805	16 952	17 510	16 938	17 601	17 773	18 507	18 571	18 306	18 557	18 588	16 753	16 881	17 150
1806	17 212	17 507	18 200	18 207	17 124	16 607	16 624	18 780	18 577	18 731	19 285	19 532	18 302
1807	20 182	20 121	20 305	20 206	19 508	17 987	18 345	19 307	18 236	17 949	15 457	16 826	18 744
1808	16 174	16 504	16 283	15 870	15 974	15 977	16 181	17 050	15 295	13 800	14 134	14 233	15 608
1809	13 641	13 161	13 136	12 318	11 680	11 416	11 817	12 137	11 953	12 857	13 114	13 510	12 562
1810	13 660	14 347	14 047	15 535	15 533	16 715	17 000	17 200	17 368	19 722	21 564	22 275	17 086
1811	20 951	20 217	20 260	19 734	17 437	16 480	18 587	21 785	22 827	24 550	25 257	26 092	21 178
1812	28 900	32 236	36 142	44 212	35 275	34 330	32 660	32 708	32 157	32 636	30 986	31 047	33 607
1813	29 472	29 907	28 265	23 760	24 582	23 385	23 934	23 377	22 378	23 010	19 155	16 648	23 989
1814	14 550	15 566	17 277	19 413	17 116	15 184	15 274	16 286	17 551	17 061	16 840	16 381	16 531
1815	15 792	14 893	14 130	14 494	13 781	14 526	16 020	19 280	18 696	19 788	20 594	23 377	17 116
1816	21 342	22 204	23 445	26 487	27 900	25 201	27 740	29 410	31 522	35 666	36 696	37 382	28 749
1817	39 426	37 941	37 836	40 394	50 821	47 947	39 035	34 803	33 227	35 262	33 893	35 565	38 847
1818	30 494	26 871	27 202	24 374	22 476	23 527	25 130	25 023	23 681	21 464	21 154	18 845	24 186
1819	17 190	18 260	18 350	18 020	17 010	17 060	20 350	21 370	17 850	16 320	15 300	15 120	17 680
1820	14 590	15 830	17 080	20 110	23 540	23 970	20 850	22 260	23 580	23 040	23 630	23 630	21 010
1821	23 480	23 140	22 070	18 430	18 440	17 980	18 070	18 160	16 590	17 140	16 100	15 440	18 750
1822	La Préfecture n'a conservé que les moyennes de ces deux années; les feuilles de détail n'existent plus.												15 16
1823													17 44
1824	15 49	15 65	16 63	15 98	15 83	15 94	16 66	16 66	15 53	15 53	15 77	15 91	15 88
1825	15 93	15 63	15 73	15 81	15 91	15 72	17 16	18 68	17 55	17 45	18 00	17 96	16 79
1826	17 67	17 66	16 89	16 94	16 74	17 29	17 13	17 76	16 97	17 50	17 63	17 79	17 33
1827	17 48	17 67	17 98	18 01	17 56	17 60	18 33	18 56	19 34	22 70	24 97	23 78	19 50
1828	23 25	20 77	22 02	21 45	20 50	20 72	23 62	24 54	26 10	27 36	28 82	28 38	23 96
1829	27 02	26 81	27 42	30 74	33 31	30 47	28 30	24 98	24 87	26 15	25 75	23 26	27 42
1830	22 23	22 51	21 89	22 52	22 73	23 24	24 23	23 55	24 31	24 75	23 59	22 45	23 17
1831	22 96	23 05	22 41	22 13	22 74	24 62	23 90	25 08	24 58	24 09	23 34	22 61	23 46
1832	22 56	23 13	23 70	23 81	25 87	28 15	25 71	23 99	20 51	18 19	17 95	18 18	22 65
1833	17 93	17 20	16 45	15 91	15 86	17 42	17 75	16 42	16 85	16 20	15 95	15 93	16 66
1834	15 59	15 53	14 09	14 75	14 78	15 44	15 53	14 89	15 51	15 22	16 09	16 87	15 36
1835	16 50	16 73	16 87	17 01	16 66	16 13	16 06	15 28	14 77	14 82	15 65	14 60	15 92
1836	15 36	14 66	14 93	14 48	15 01	15 60	14 50	14 69	15 03	15 88	15 86	16 47	15 21
1837	16 41	15 82	15 87	15 66	15 82	16 20	16 25	17 63	18 50	19 28	19 50	19 04	17 16
1838	19 06	19 14	19 50	20 24	20 27	20 01	20 85	21 03	22 78	24 91	25 27	24 02	21 42
1839	24 00	22 64	23 16	22 57	22 49	23 11	26 80	27 09	28 73	29 18	29 02	27 05	25 49

NOTA. Pour ramener les prix ci-dessus à l'évaluation en quintaux métriques, il suffit d'augmenter chaque prix d'un tiers. Ce tableau, procédant par moyennes de mois, n'indique pas les vrais maximum et minimum ; ainsi, le 15 juin 1817, le prix s'est élevé à 56 fr. 33 c.

NOTES.

N° 1.

M. le comte Daru, dans son rapport à l'empereur en 1812, a proposé *de confier les réserves aux administrations communales et de les répartir ainsi sur toute la surface de la France, en les limitant au taux de 50 kilogrammes de blé par habitant des villes de 3,000 ames et plus.* On trouverait dans ce mode un avantage réel, le concours direct et probablement gratuit d'un grand nombre de citoyens éclairés; mais il faudrait que les villes fournissent elles-mêmes, par voie d'emprunt, les capitaux nécessaires aux achats de grains et aux constructions de greniers. La difficulté de trouver ces capitaux, la division des approvisionnemens et le défaut d'unité qui en résulterait; enfin les chances de pillage dans des localités sans défense, pourraient entraîner de graves inconvéniens; nous ne repoussons donc ni n'admettons cette modification à notre projet, et nous nous contentons de la soumettre à l'attention du gouvernement.

N° 2.

Plusieurs économistes ont cherché à résoudre le problème d'obtenir pour les blés une limite de prix à peu près constante et telle qu'elle assurât toujours à l'agriculteur le bénéfice de son travail.

M. Briaune a publié dans cet ordre d'idées un projet de banque agricole, fondé sur la consignation volontaire par les producteurs, et appuyé comme le nôtre sur l'emploi du *grenier Vallery.*

Nous avons fait connaître notre opinion sur les inconvéniens des consignations volontaires, et nous nous contenterons de rendre hommage aux vues de M. de Briaune sans entrer dans la discussion de son projet; mais nous devons faire remarquer que le nôtre est destiné à atteindre le même but. En effet, lorsqu'après une période de douze à dix-sept années au plus, le gouvernement aura acquis la propriété d'une réserve de 6 millions de quintaux métriques de blé, pourquoi ne procéderait-il pas, par une seconde opération analogue, à la réalisation d'une réserve de même quantité? Et alors, en mettant cette réserve à la disposition du pays, et posant des limites à ses prix d'achat et de vente, il parviendrait à régulariser la moyenne du prix des grains dans l'intérêt commun de l'agriculture, de l'industrie et des populations.

No 3.

Au moment de publier ce mémoire, nous apprenons que M. d'Arcet vient de proposer pour l'approvisionnement de Paris l'emploi d'un silo de son invention.

Le rapport de l'Académie des sciences, reproduit à la suite de notre mémoire, s'exprime en des termes peu favorables aux silos. Après avoir décrit les mauvais résultats des expériences faites sur ce mode de conservation, il ajoute (page 8 du rapport): « Le soin » apporté au choix des grains, le nettoyage scrupuleux auquel ils » auront été soumis, l'absence de tout insecte, feront des expé- » riences mêmes qui auront eu un plein succès, une classe à part, » qu'il est impossible d'offrir au besoin d'une conservation usuelle » de toute espèce de grains, secs ou humides, infectés ou non par » la présence des insectes. »

A ces justes observations, il faut ajouter que le renouvellement du blé est une des conditions indispensables d'un bon système de réserve, et qu'il serait impossible d'opérer ce renouvellement d'une manière convenable dans des silos, tandis qu'au contraire le grenier Vallery peut recevoir des blés récoltés en saison humide, et leur apporter dans ce cas, par le magasinage même, une constante amélioration.

L'emploi des silos est d'un usage assez répandu dans les pays chauds; mais il faut considérer qu'indépendamment de ce que le climat permet de récolter et d'emmagasiner les blés dans de bonnes conditions, il arrive encore souvent que les agriculteurs sont forcés de vider leurs silos pour exposer et remuer le grain au soleil, ce qui équivaut à nos pelletages.

Les silos ayant le grave inconvénient d'enlever les grains à la surveillance et à la vue du conservateur, on conçoit que leur emploi doive exciter une grande répugnance, et cette répugnance paraîtra plus fondée encore si l'on se reporte aux expériences déjà faites.

Ainsi les silos de M. Ternaux, construits de la manière la plus ingénieuse et qui paraissait la plus certaine, ont présenté une perte énorme.

Ceux de M. le général Demarçay ont d'abord réussi, puis complètement échoué dans deux expériences successives qui n'ont duré qu'une année chacune.

Dans les silos de M. le comte Dejean, construits en plomb, matière plus imperméable que le meilleur enduit, on a trouvé le grain très altéré du côté exposé au nord, quoique le silo fût aussi exactement fermé que possible, et placé à l'extérieur du sol.

Comment voudrait-on donc que le silo de M. d'Arcet, dont la construction est évidemment plus coûteuse que celle du grenier mobile, et qui exige pour la conservation l'emploi d'une force mécanique destinée à faire passer successivement dans le blé des courans d'*air chaud*, d'*acide sulfureux*, d'*acide carbonique et d'azote*, dût être préféré aux silos abandonnés de M. Ternaux, de M. le général Demarçay, de M. le comte Dejean; lorsque d'ailleurs, dans quelque silo que ce soit, la moindre lésion produite par un défaut de stabilité du sol ou des constructions elles-mêmes, entraînerait nécessairement la perte de tout le grain qui y serait contenu ?

Le grenier Vallery ne provoque aucune crainte de ce genre : sa construction est moins coûteuse que celle d'un silo imperméable; non seulement la conservation y est certaine et les frais de cette conservation sont à peu près nuls; mais les blés humides ou avariés s'y améliorent promptement par la ventilation, et ainsi on peut y opérer le renouvellement des grains, mesure si importante pour le rendement et la qualité des farines.

GRENIER MOBILE VALLERY.

Pour lequel il a été décerné trois grandes Médailles d'Or.

Par la Société Royale et Centrale d'Agriculture.

Par le Jury Central d'exposition de l'Industrie en 1839.

Par la Société d'encouragement pour l'Industrie Nationale.

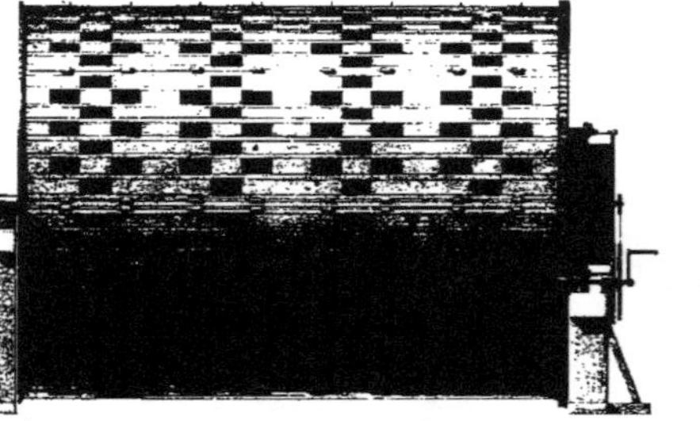

Brevet d'Invention et de Perfectionnement.

J. Le Blanc Del. et Sculp.

RAPPORT

FAIT

A L'ACADÉMIE DES SCIENCES,

SUR UN

APPAREIL DESTINÉ A LA CONSERVATION DES GRAINS,

SOUMIS PAR M. VALLERY

A

L'EXAMEN DE L'ACADÉMIE.

Commissaires, *MM. Biot*, baron *Silvestre*, baron *Dupin*; baron *Séguier*, rapporteur.

Le sujet dont nous allons avoir aujourd'hui l'honneur de vous entretenir est d'un haut intérêt; l'appareil soumis à votre examen a pour but la solution de l'important problème de la conservation des grains, problème tenté tant de fois et par des méthodes si diverses.

L'utilité, la nécessité de la conservation des grains est par vous, Messieurs, si bien comprise, que toutes les considérations générales dont nous pourrions faire précéder ce rapport deviennent superflues.

Nous voudrions, pour nous montrer discrets dans l'emploi des instans que vous voulez bien nous accorder, pouvoir nous borner à vous faire une simple description de l'appareil de M. Vallery, nous contenter de vous dire d'après quels principes il est construit, à quelles expériences il a été soumis par vos commissaires.

Mais dans une question aussi grave, ce court exposé ne saurait suffire pour vous mettre à même de vous former une opinion personnelle sur l'utilité de cet appareil, et vous permettre d'adopter avec pleine connaissance de cause les conclusions de ce rapport.

La meilleure manière de décrire l'appareil de M. Vallery, d'en discuter le principe, d'en apprécier les effets, enfin d'en juger le mérite ,est, suivant nous, de jeter un coup d'œil rapide sur ce qui a été jusqu'à ce jour tenté ou proposé pour la conservation des grains.

En procédant ainsi, nous verrons de suite comment M. Vallery, riche de l'expérience de tous ceux qui avant lui ont travaillé à la solution de ce difficile problème, s'est efforcé de réunir dans un seul appareil les circonstances diverses dans lesquelles la conservation des grains avait paru être concentrée.

Les méthodes expérimentées ou seulement proposées pour assurer la conservation des grains sont nombreuses : quelques-unes diffèrent essentiellement entre elles; d'autres, au contraire, ont une analogie remarquable. C'est en examinant les unes et les autres, que nous reconnaîtrons ce que M. Vallery emprunte à chacune d'elles; nous trouverons aussi le moyen d'acquérir une opinion beaucoup plus positive sur le succès de son appareil malgré sa nouveauté.

Pour vous faire, Messieurs, une analyse succincte des procédés de conservation proposés par les nombreux agriculteurs et économistes qui se sont occupés de la solution de cette grande question, nous allons essayer de classer les procédés suivis ou conseillés en quelques catégories, dont nous nous bornerons à vous faire l'exposition. On pourrait, suivant nous, résumer tout ce qui a été fait ou proposé pour la conservation des grains dans les termes suivans :

Méthode de conservation par l'aérage ou ventilation avec ou sans mouvement de grains;

Méthode de conservation par la dessiccation préalable à l'aide de la chaleur;

Méthode de conservation par l'emmagasinage dans des greniers solides et fermés, maintenus à des températures basses et constantes; enfin, méthode de conservation par la privation du contact de l'air et la suspension de toute communication avec lui.

Avant d'entrer dans l'examen de ces diverses méthodes, permettez-nous, Messieurs, de poser avec Duhamel le problème à résoudre. Il faut, suivant lui :

1° Enfermer une grande quantité de grain dans un petit espace ;

2° Faire en sorte qu'il ne fermente pas, qu'il ne contracte aucune mauvaise odeur ;

3° Le garantir de la rapine des rats, des oiseaux, des chats (nous copions son texte) ;

4° Le préserver des mites, des teignes, des charançons, de tout autre insecte, sans frais, sans embarras;

5° Le soustraire enfin aux larcins de ceux chargés de sa conservation.

Pour remplir toutes les conditions si clairement, si naïvement posées, Duhamel propose de renfermer le blé dans de grandes caisses de bois de formes cubiques, et de le faire traverser par des masses d'air injectées au travers du grain à l'aide de soufflets. Après s'être servi de soufflet en cuir, de ventilateur à force centrifuge, cette belle invention de Desaguliers, peu appréciée pendant si longtemps, et aujourd'hui utilement mise en œuvre, Duhamel donna la préférence aux soufflets en bois de l'ingénieur anglais Hales. Nous voyons dans son intéressant *Traité de la conservation des grains* comment il procède, à quels intervalles de temps il opère la ventilation; en dépouillant avec soin ces expériences si méthodiquement faites, si patiemment suivies, nous finissons cependant par reconnaître que Duhamel ne plaçait pas une confiance illimitée dans la ventilation, puisqu'il croyait devoir soumettre le grain destiné à la conservation à une dessiccation préalable.

Dans son traité, la description de l'étuve dans laquelle il porte la température jusqu'à 90° n'occupe pas la moindre place. On y remarque aussi toutes les ressources de son esprit inventif et fécond, pour rendre peu dispendieuse l'application de sa méthode; nous signalons particulièrement la proposition d'emprunter au vent lui-même la force nécessaire pour produire la ventilation. Son petit moulin à la polonaise, pour mettre en jeu ses soufflets de Hales, mérite d'être rappelé à nos souvenirs, et lorsque plus tard nous vous dirons que M. Vallery appelle aussi le vent, ce moteur si économique, à son aide, vous pourrez, Messieurs, le féliciter d'avoir eu une idée commune avec le savant Duhamel-du-Monceau (1).

Les procédés de Duhamel, qui reconnaît lui-même que l'étuve laisse échapper vivans encore, bien des insectes qu'il espère que la ventilation tiendra plus tard engourdis, rentrent comme vous voyez, Messieurs, tout à la fois dans la méthode de la ventilation et dans celle de la dessiccation.

Dartigues, plus confiant dans l'aérage, propose de conserver le grain en le plaçant dans une série de trémies superposées les unes au-dessus des autres, soutenues par des montans dont les points d'appui peuvent être tellement isolés, que les rats et les insectes ne puissent y avoir accès; mais Dartigues ajoute à cette disposition une opération non

(1) Après la lecture de ce rapport, M. Dulong rappelle que M. Clément Désorme a proposé, il y a quelques années, pour détruire les charançons, de ventiler le grain comme Duhamel, seulement en ayant le soin de faire passer l'air avant de l'introduire dans la caisse au grain, au travers d'une masse de chaux vive. M. Clément espérait que cet air, ainsi dépouillé de son humidité, ferait périr les charançons en les desséchant. Les prévisions de M. Clément n'ont pu être pratiquement réalisées sur une grande échelle.

moins importante pour obtenir la conservation, et dont peut-être il ne se rendait lui-même pas compte, c'est le mouvement du grain en le faisant à des temps donnés tomber d'une trémie dans l'autre; il regarde cette manœuvre comme facile, prompte et peu dispendieuse par son procédé, puisque, pour chaque versement général d'une trémie dans l'autre, il n'y a en définitive sur la série entière des trémies superposées que le grain contenu dans la dernière à remonter dans la première.

La méthode de Dartigues, méthode d'aération avec mouvement du grain, serait incontestablement bonne, si dans son système il était pratiquement possible de faire éprouver au grain un mouvement continu.

Mais, telle qu'il la décrit et la conseille, sa machine ne résout qu'une partie du problème, la conservation du grain humide: si elle combat victorieusement la fermentation, elle n'oppose aucun préservatif au ravage des insectes contenus dans le grain lui-même, au moment de son emmagasinage, et qui s'y multiplient avec une si effrayante rapidité.

La méthode de la dessiccation des grains, expérimentée par Duhamel en 1753, a été proposée de nouveau par plusieurs auteurs. Nous voyons dans un rapport fait au sein d'une commission de la Société d'Agriculture du département du Cher que MM. Cadet de Vaux et Terasse-des-Billons, en 1829, proposaient comme un moyen de conservation, la dessiccation à haute température du grain, dans des appareils d'une construction particulière à chacun d'eux.

La machine de M. Cadet de Vaux consiste en une espèce de grand brûloir à café formé par un cylindre de tôle, traversé par un axe dont les extrémités reposent sur une caisse en tôle. Le fond de cette caisse est muni d'une grille sur laquelle s'opère la combustion des matières destinées à produire la chaleur nécessaire à la dessiccation; une porte placée sur les parois du cylindre sert à introduire et à extraire le grain lorsqu'il a été soumis pendant un temps suffisant à l'action de cette espèce d'étuve tournante. La température élevée jusqu'à 90° R., et maintenue assez longtemps, peut certainement, avec un appareil de ce genre, assurer la destruction des insectes et des larves contenus dans le grain au moment de l'opération. Malheureusement elle ne laisse au grain ainsi traité, puis replacé dans le grenier, aucune garantie contre leur ravage à venir. Outre la lenteur, la cherté et les difficultés d'une pareille méthode, l'inconvénient, ou si l'on veut la seule possibilité d'enlever au grain sa vertu germinative suffit pour en proscrire l'emploi.

Le moulin insecticide de M. Terasse-des-Billons est encore une étuve tournante, seulement d'une disposition beaucoup plus compliquée. Nous vous donnerons une idée nette de cet appareil, en vous disant qu'il ressemble à une *vis d'Archimède* à plusieurs rangs d'hélices concentriques dont les unes débouchent dans les autres, de sorte que le grain placé dans l'hélice du centre, après avoir parcouru toutes les circonvolutions, revient sur lui-même dans celle du second rang pour retourner enfin en parcourant celle du troisième. Cette disposition a pour but de rendre plus longue la durée de la circulation du grain dans l'appareil.

Pendant tout son parcours dans ces vis concentriques dont les enveloppes sont formées de toile métallique, le grain est soumis à la haute température d'un foyer de charbon de bois placé dans la partie inférieure de la caisse qui contient le cylindre à hélices dont nous venons de donner la description.

Les réflexions que nous avons faites sur la machine de M. Cadet de Vaux s'appliquent également à ce dernier appareil, malgré sa disposition ingénieuse, qui permet de faire faire un parcours de plus de 300 pieds à des grains enfermés dans un cylindre de cinq pieds de long. Quelques partisans de l'étuvage des grains ont aussi proposé, pendant cette opération, de le soumettre à l'action chimique de certaines substances réduites en gaz par le feu, pour assurer ainsi la destruction des insectes; mais l'expérience a démontré l'impossibilité de pareilles fumigations, qui laissent aux grains une odeur et un aspect nuisibles, tout au moins à la vente.

La pensée de conserver des grains dans des greniers cubiques fermés et placés dans des lieux dont la température basse varie peu, a été développée par M. de Lacroix; il annonce avoir fait, dans les caves d'Ivry, dont il était alors propriétaire, des essais qui lui permettent d'avoir une complète confiance dans la conservation du grain placé dans des chambres de maçonneries tapissées de carreaux émaillés, disposées dans des souterrains dont la température serait continuellement maintenue à des degrés inférieurs.

M. le comte Dejean a aussi proposé d'emmagasiner les grains par grandes masses, dans des capacités revêtues de plomb laminé en feuilles minces et soudées. Des expériences tentées dans le local de la manutention des vivres, où des masses de blé assez importantes ont été ainsi conservées dans de vastes cylindres de plomb, ne prouvent malheureusement qu'une chose, c'est que du grain de bonne qualité (bien sec), renfermé sans insectes dans de vastes clos, où ceux-ci ne peuvent point entrer, se conserve en bon état. De ce point à la solution du problème, tel que Duhamel le posa, tel que nous le poserons plus tard avec M. Vallery, il y a un espace immense.

La méthode de conservation par la privation du contact de l'air, par l'empêchement de tout renouvellement, l'ensilotage des grains, en un mot, a plusieurs fois été tenté en France, et sans succès. En vous citant, Messieurs, les expériences faites par Ternaux, dont plusieurs d'entre vous se rappelleront peut-être avoir été les témoins, permettez-nous, en passant, de rendre un court hommage à la mémoire du citoyen désintéressé qui s'efforça pendant toute sa vie d'introduire et de développer dans sa patrie toutes les méthodes étrangères qui lui paraissaient devoir présenter quelques avantages pour la France.

Il résulte des procès-verbaux dressés lors de ces expériences, que le blé placé dans des silos intérieurement tapissés de paille épaisse, construits avec tous les soins désirables, mais peut-être aussi dans des terrains peu convenables pour ce mode de conservation, y contractait bientôt une humidité telle qu'il y prenait une odeur de moisissure et un aspect rude, qui le rendait peu propre à la vente.

Ces expériences, plusieurs fois répétées, ne présentèrent quelques apparences de succès que pour des grains dont on avait eu soin d'opérer la dessiccation par des pelletages réitérés, sous l'influence des rayons solaires.

Le soin apporté au choix des grains, le nettoyage scrupuleux auquel ils avaient été soumis, l'absence de tout insecte, feront, des expériences mêmes qui auront eu un plein succès, une classe à part, qu'il est impossible d'offrir aux besoins d'une conservation usuelle de toute espèce de grains, secs ou humides, infectés ou non par la présence des insectes.

Le succès de l'ensilotage des grains dans nos provinces méridionales, en Italie, en Espagne, aux îles Baléares, en Afrique, et notamment en Égypte, comme nous pouvons nous en convaincre dans les détails aussi utiles que curieux consignés par notre honorable collègue, M. le baron Larrey, dans son ouvrage sur cette contrée, permet d'en attribuer la conservation, surtout à une parfaite dessiccation naturelle des grains ; signalons donc cette condition de siccité du grain comme une des plus essentielles à sa conservation.

Nous venons, Messieurs, de faire passer rapidement sous vos yeux les diverses méthodes expérimentées ou conseillées pour la conservation des grains ; de toutes ces méthodes, quelles sont celles qui ont pu être réalisées pratiquement en France ? Aucune ! Serait-il vrai de dire que le problème n'est point encore complètement résolu? L'antique et grossier pelletage du blé dans le grenier serait-il donc, en dernière analyse, le meilleur et le plus simple des moyens de conservation?

Nous avons vu que la ventilation, l'aérage, en facilitant la dessiccation du grain, le disposent à se conserver; tout à l'heure, en étudiant avec M. Vallery les mœurs des insectes qui exercent sur le grain de si fâcheux ravages, nous allons reconnaître que le pelletage, en troublant leur repos, en refroidissant les masses où ils se réunissent, gêne leurs habitudes et s'oppose à leur reproduction.

Pelleter le blé, le pelleter souvent, et par cette opération mettre en fuite momentanément les insectes, diminuer leur reproduction par l'abaissement de la température nécessaire à l'éclosion des œufs, au développement des larves; enlever ainsi au grain son excès d'humidité, le soustraire à la fermentation, voilà déjà bien des conditions de remplies par un procédé si simple et si grossier : pourquoi donc chercher encore ? Pourquoi ? Messieurs : pour trouver le moyen d'empêcher les insectes mis en fuite de rentrer dans la masse, pour forcer ceux qui y sont à en déguerpir, pour obtenir enfin tous ces avantages à bon marché.

Nous voici arrivés à la machine de M. Vallery; lui aussi, comme Duhamel, pose les conditions dans lesquelles il espère résoudre le problème: énumérons-les d'abord; nous examinerons plus tard si l'appareil tient tout ce que promet son auteur. Le programme de M. Vallery est ainsi conçu :

1° Pouvoir renfermer, dans un espace donné, quatre fois autant de grain que par la méthode ordinaire.

2° Remuer le grain avec la plus grande facilité, et de la manière la plus parfaite, sans qu'il soit utile d'entrer dans l'intérieur de l'appareil, cela avec la faculté d'appliquer à ce travail telle force motrice qu'on jugera plus économique, suivant les localités; le vent, par exemple.

3° Faire passer un courant d'air à travers la masse de grain pendant qu'elle est en mouvement, en faire éprouver l'influence à tous les grains sans exception.

4° Préserver les grains des atteintes des animaux rongeurs, et des insectes qui les recherchent pour en faire leur nourriture.

5° Ne point laisser aux insectes du dehors la possibilité de rentrer dans l'appareil.

6° Maintenir toujours le grain soumis à la conservation, dans un parfait état de salubrité.

7° Donner la faculté de conserver le grain des années les plus humides, réputé impropre à la conservation ; pouvoir même, sans augmentation sensible de frais, sécher et conserver du blé accidentellement pénétré d'eau.

8° Rendre à l'écorce du vieux blé le degré de coriacité et de souplesse qui convient le mieux à la mouture, en faisant à volonté traverser la masse du grain par de l'air chargé d'humidité.

9° Enfin, conserver avec économie les plus petits comme les plus importans approvisionnemens.

L'appareil de M. Vallery, celui qui doit réunir des conditions si diverses, et cependant d'une si grande importance, est tout simplement, Messieurs, un grand cylindre de bois, construit à claire-voie, tournant horizontalement sur son axe; le grain qu'on lui confie ne doit pas le remplir en entier, pour jouir, pendant la rotation, d'un mouvement propre sur lui-même. Un ventilateur à force centrifuge est placé à l'une de ses extrémités : ce ventilateur, en aspirant l'air contenu avec le grain dans le cylindre, force l'air extérieur à traverser le grain, pour venir opérer le remplacement et s'opposer à une dépression intérieure; l'action du ventilateur est combinée avec la rotation du cylindre; le mouvement successif de tout le grain contenu dans le cylindre facilite un complet aérage.

Tel est l'exposé sommaire de l'appareil Vallery; permettez-nous, Messieurs, d'entrer dans quelques explications de détail. M. Vallery a très bien senti qu'en plaçant, comme il le fait, du grain dans un cylindre, sans le remplir complètement, il aurait besoin, pour opérer la rotation, de lutter constamment contre le déplacement du centre de gravité de toute la masse. Aussi, pour réduire considérablement la force nécessaire à cette espèce de pelletage mécanique, a-t-il très ingénieusement disposé son grain dans une série de compartimens symétriquement groupés autour d'un tube creux qui demeure vide et forme le centre de tout le système. Ce tube central sert à l'écoulement de l'air aspiré par le ventilateur. Par cette disposition, les cases se faisant équilibre les unes aux autres, il n'a plus à vaincre que des déplacemens de centre de gravité partiel; il réduit ainsi l'effort necessaire au mouvement de rotation dans un rapport de 13 à 47. Cette disposition présente en outre l'avantage de multiplier les surfaces du grain pour l'offrir à la ventilation.

L'enveloppe extérieure du cylindre est formée de douves de bois fortement réunies par des cercles à vis de rappel. De nombreuses ouvertures pratiquées symétriquement dans toutes les douves sont garnies de toile métallique; elles donnent entrée à l'air et fournissent aux insectes troublés dans leurs habitudes, comme nous l'expliquerons plus tard, des issues pour fuir. Les supports de tout le système sont convenablement isolés pour opposer à la rentrée des insectes nuisibles un obstacle insurmontable. Aux mêmes supports est fixé un toit léger, garni à son pourtour d'une gouttière remplie d'eau recouverte d'huile, ou mieux encore d'huile pure; ce toit a pour but de prévenir l'introduction des insectes, que leur instinct conduirait à se laisser tomber du plafond sur l'appareil en repos. Nous vous parlons de l'instinct des insectes, c'est le moment de vous faire remarquer que l'étude de leurs mœurs, de leurs habitudes, pouvait seule conduire sûrement à un appareil efficace pour la conservation du grain. Aussi, mieux avisé que ses devanciers, M. Vallery a-t-il cru prudent de bien reconnaître son ennemi, de soigneusement étudier sa tactique avant de lui livrer combat; il lui fallait triompher à la fois de la fermentation et du ravage des insectes. Vous avez déjà compris que l'aérage est l'arme victorieuse qu'il a opposée à la fermentation. Écoutons le récit de ses observations sur les insectes, et voyons pourquoi et comment le mouvement du grain doit compléter sa victoire. M. Vallery a dû étudier les insectes sous le point de vue spécial de la conservation du grain; il a reconnu que les charançons quittent en automne les monceaux de blé, aussitôt que la température cesse d'être de 8 ou 9 degrés centigrades; qu'ils ne s'accouplent plus pour la reproduction de leur espèce, dès que le thermomètre est descendu au dessous de 10 à 12 degrés. Il a encore constaté que les charançons aiment essentiellement le repos; qu'aussitôt qu'ils sont troublés ils quittent les endroits qu'ils habitent, et vont chercher ailleurs une tranquillité indispensable à leur existence.

Les charançons ne se livrent à la reproduction qu'à la surface des tas de blé; aussitôt que la femelle est fécondée, elle s'enfonce dans l'intérieur des tas et dépose un œuf, non à la surface des grains, mais sous l'épiderme, afin que la larve qui en naîtra puisse pénétrer immédiatement dans le grain. La femelle rebouche par une substance glutineuse l'ouverture qu'elle a pratiquée. L'observation apprend que tout œuf déposé ne donne naissance à la larve qu'au bout de sept ou huit jours, suivant l'état de la température; trente-quatre ou trente-cinq jours s'écoulent jusqu'au moment où la larve se convertit en chrysalide. C'est après un repos de huit jours que le charançon brise son enveloppe et parvient à l'état d'insecte parfait; d'abord d'un jaune pâle, il passe promptement au jaune foncé. Neuf ou dix jours après leur dernière métamorphose, ces insectes commencent à s'unir pour la reproduction; soixante à soixante-quatre jours s'écoulent donc depuis la ponte de l'œuf jusqu'au moment où les charançons sont devenus aptes à se reproduire. C'est en appliquant le calcul à ces observations, que M. Vallery démontre que, pendant les nombreuses journées où le thermomètre ne descend pas au-dessous de 12 degrés, douze paires de charançons peuvent procréer 75,000 individus de leur espèce. C'est en multipliant par ce nombre effrayant l'unique grain de blé consommé par chaque larve, qu'on arrive à une appréciation effrayante, cependant beaucoup trop faible, du dégât causé par ces insectes; car chaque charançon parvenu à l'état parfait détruit encore une certaine quantité de grain.

Le désir de confirmer par une expérience directe ces supputations arithmétiques a porté M. Vallery à placer le 25 avril, dans une boîte bien close, 50 k. de blé, préalablement étuvé à 80 degrés, pour faire périr tous les insectes ou larves qu'il pouvait contenir, et à y renfermer ensuite, après avoir rendu à l'écorce du grain par de l'air humide son degré habituel de souplesse, douze paires de charançons. L'ouverture de la boîte, à la fin de l'année, offrait un déchet de 15 k., c'est-à-dire d'environ 30 p. °/₀. Les grains de blé restant, presque tous attaqués, avaient contracté une odeur des plus désagréables.

Si l'on réfléchit, dit M. Vallery, que la farine existe dans le blé dans un rapport avec le son de 65 à 75 p. °/₀, on verra que le déchet de 30 p. °/₀, résultat de l'expérience précitée, n'ayant porté que sur la farine, il a dépassé en réalité 45 p. °/₀. M. Vallery fait remarquer avec bonne foi que pendant cette expérience toutes les conditions de chaleur et de repos indispensables à la multiplication de ces insectes se trouvaient réunies. Ces observations, conformes par leur résultat à celles faites par Joyeuse en l'année 1768 à Avignon, révélèrent à M. Vallery si positivement la nécessité de la chaleur et du repos absolu pour la reproduction du charançon, qu'elles devinrent pour lui le plus utile enseignement; il déclare avoir été ainsi conduit à bien comprendre les doubles avantages qu'offrirait contre la fermentation et contre les insectes un appareil où le grain pourrait être facilement remué et refroidi. Le charançon n'est pas le seul insecte destructeur que M. Vallery ait étudié avec soin; l'alucite a été aussi l'objet d'observations qui lui ont permis de reconnaître que cet insecte, seulement dangereux à l'état de larve, dépose son œuf, non, comme le charançon, sous l'épiderme, mais simplement à la surface du grain : l'expérience lui a démontré qu'un simple brossage l'en détachait avec facilité. M. Vallery pense donc que pour combattre cet autre ennemi, qui n'attend pas que le grain soit récolté pour l'attaquer, mais qui y dépose ses œufs alors qu'il est encore sur pied, il suffit, avant d'emmagasiner du grain dans son grenier mobile, de le faire passer entre des cylindres brosseurs. Pour empêcher l'alucite de venir déposer plus tard ses œufs sur le grain en conservation, M. Vallery, suivant l'indication judicieuse de M. Audouin, placera une seconde toile métallique sur les ouvertures, à une petite distance de la première.

Nous venons de vous décrire succinctement l'appareil de M. Vallery; nous avons fait connaître ses observations particulières sur les mœurs des charançons, observations du reste conformes en tout point avec celles des naturalistes; nous avons laissé M. Vallery vous dire comment ses remarques l'avaient conduit à reconnaître et à adopter l'aérage et le mouvement comme principes fondamentaux de tout appareil de conservation. C'est maintenant à vos commissaires à vous rapporter avec impartialité les expériences auxquelles ils ont cru devoir soumettre cette machine agricole; il est temps de vous fournir les bases qui ont servi à notre conviction; nous allons le faire en dépouillant avec vous les procès-verbaux des expériences.

Procès-verbaux des expériences faites en juin et juillet 1837, *par la commission chargée d'examiner l'appareil déposé à l'Institut par* M. VALLERY.

L'un des principaux objets des expériences dont il nous reste à vous rapporter les détails étant de reconnaître l'efficacité de l'appareil sur les insectes, vos commissaires ont cru utile d'appeler à leur aide M. *Audouin*, professeur d'entomologie au Muséum; votre commission le remercie de sa coopération assidue; votre rapporteur lui exprime ici personnellement sa gratitude, pour l'obligeante communication qu'il a bien voulu lui donner des notes tenues par lui pendant toute la durée des expériences.

Première expérience. — Le cylindre de l'appareil d'essai a 1 mètre 17 centimètres de longueur, 70 centimètres de diamètre; il est divisé en plusieurs compartimens.

Le lundi 19 juin 1837, il est rempli aux $\frac{4}{5}$ de blé du commerce.

Le mercredi suivant, une très grande quantité de charançons, évaluée, par approximation, à 5,000 ou 6,000, sont placés avec précaution dans un seul des compartimens; l'observation fait bientôt reconnaître que les charançons se sont réellement installés; ces insectes, sortant d'un bocal où ils étaient entassés avec peu de nourriture, trouvent dans le grain du cylindre resté immobile, une position convenable.

Les choses demeurent en cet état jusqu'au 30; le thermomètre étant resté au-dessus de quatorze degrés, les insectes ont pu s'accoupler; l'expérience en a été acquise plus tard, par les jeunes larves trouvées dans des grains qui furent ouverts pour s'en assurer. Cette expérience, toute préparatoire, a eu pour but de bien laisser établir le charançon dans la masse, afin de s'assurer que la machine a réellement la propriété de le faire déguerpir. La commission désirait placer le charançon, au moment des expériences qui vont suivre, le plus possible dans ses habitudes ordinaires.

Deuxième expérience. — Une partie du blé charançonné est extraite le 30 juin du cylindre, et placée dans un cylindre plus petit, sans compartimens intérieurs, de 1 mètre 28 centimètres de long, de 18 centimètres de diamètre. Les douves du petit cylindre sont percées de trous garnis de toile métallique à mailles assez grandes pour laisser sortir les insectes. Cet appareil est disposé de façon à emprunter un mouvement de rotation lent et continu à un gros tournebroche. Une enceinte carrée, circonscrite par une gouttière de zinc remplie d'eau, est préparée au-dessous du cylindre en mouvement.

Cette disposition a pour but de recueillir les charançons qui chercheraient à fuir; l'appareil fait cinq à six tours à l'heure. A peine a-t-il commencé à tourner, que l'on remarque les charançons sortant par centaines à travers les toiles métalliques; ils se laissent tomber sur le sol, se réfugient dans tous les coins de l'enceinte; grand nombre se précipitent dans l'eau de la gouttière, qu'ils ne peuvent franchir. Dès le deuxième jour du mouvement, on n'aperçoit plus que fort peu de charançons; le troisième jour, on n'en voit plus aucun pendant une heure entière de scrupuleuse observation.

Tous les charançons paraissent donc, dès le troisième jour d'agitation, avoir complétement fui; néanmoins, le mouvement est continué sans interruption jusqu'au 24 juillet.

Ce jour, le scellé de l'Académie enlevé, l'appareil ouvert, le blé est étendu sur un drap; vérification faite, aucun charançon n'y est aperçu. Un fait digne de remarque mérite d'être consigné : pendant cette expérience de vingt-quatre jours consécutifs, lorsque depuis quelque temps il ne sortait plus de charançons du cylindre, un seul de ces insectes se fit tout à coup remarquer; il était d'une couleur plus pâle; le peu de consistance de son corps montrait qu'il venait d'éclore. De ces observations, on peut conclure que la rotation n'avait point empêché le développement de la larve, ne s'était point opposée à la métamorphose en nymphe, n'avait point arrêté sa transformation en insecte parfait, mais produisait son effet ordinaire d'exclusion sur l'insecte, qui avait pourtant subi son changement d'état sous l'influence du mouvement.

Vos commissaires conclurent de cette première expérience que si l'appareil de M. Vallery ne parvient pas à entraver le développement d'une génération préexistante dans le grain soumis à son action, on peut affirmer qu'une seconde génération est rendue impossible, puisqu'à peine nés, les insectes cherchent à fuir : ils ne pourraient non plus se livrer à l'accouplement dans les circonstances du mouvement imprimé à la masse de grain qu'ils habitent.

Troisième expérience.—L'expérience qui précède pouvait paraître concluante, mais on avait opéré sur une petite échelle; il convenait de s'assurer si, placés dans une grande masse de grains, les charançons se comportaient de la même manière.

Un appareil de grande dimension, 5 mètres de long sur 2 mètres 33 centimètres de diamètre, venait d'être établi par ordre du ministre du commerce, à Paris, rue de Chabrol; sa contenance, de 165 hectolitres, offrait la possibilité de répéter l'expérience en grand. Voici comment il y fut procédé :

L'appareil, divisé en huit compartimens, fut chargé de 120 hectolitres seulement, afin de laisser au grain la place de se mouvoir sur lui-même. Le 22 juillet on fit choix, pour l'expérience, d'une seule des cases; elle fut infectée de 37,950 charançons. On obtint cette appréciation numérique assez exactement, en jaugeant la capacité du bocal qui renfermait les charançons, en comptant plusieurs fois, pour obtenir une moyenne, le nombre d'insectes vivans contenus dans un centimètre cube.

Le cachet de l'Académie apposé, le grenier mobile fut mis en mouvement; l'opération, commencée ce jour à midi, dura jusqu'à huit heures : trois tours de cylindre, opérés en trente minutes, étaient suivis d'un repos de trente minutes. La réflexion suggéra à vos commissaires ce mode d'expérimentation; ils pensèrent qu'un temps d'arrêt pourrait rendre plus facile la sortie des insectes, contrariés dans leurs habitudes pendant la période d'agitation.

Il arrivait en effet, pendant la période de rotation, que beaucoup de charançons prêts à fuir étaient ensevelis de nouveau sous le grain qui s'éboulait sur eux. L'expérience se continua avec les mêmes intermittences le lendemain 23 ; elle ne fut arrêtée que le lendemain 24 à midi : la durée totale des intervalles de rotation et de repos fut donc de quarante-huit heures.

Dès le premier jour, 22 juillet, les charançons abandonnaient la case; le second jour, 23, ils fuyaient en grand nombre; le 24 on ne les aperçut plus qu'à de longs intervalles. Les charançons courans étaient retrouvés sur les murs du hangar, ou groupés dans les angles du bâtiment.

Les scellés, levés à cinq heures du soir, le 24, permettent de constater les résultats suivans : 10 hectolitres retirés de la case infectée par les 37,950 charançons furent étendus sur des draps scrupuleusement examinés par quatre personnes; elles n'y rencontrèrent aucun insecte; 3 ou 4 hectolitres restés dans la case soumise au même examen ne révélèrent la présence que de 20 charançons; encore est-il de notre devoir de faire remarquer que pendant que l'on procédait à l'examen de la première partie, l'appareil reçut une violente commotion qui a pu peut-être faire retomber dans la masse du grain des insectes qui déjà en étaient sortis, mais qui adhéraient encore aux parois du cylindre.

De cette expérience, il résulte rigoureusement que sur les 37,950 charançons placés dans une des huit cases composant le cylindre chargé de 120 hectolitres de blé, il ne s'est plus retrouvé, après quarante-huit heures de mouvement dans les 15 hectolitres de la case infectée, que vingt charançons.

Votre Commission, après avoir constaté ce résultat remarquable, crut pouvoir passer à un autre ordre d'expériences, celles ayant pour but de reconnaître si l'appareil-Vallery était propre par la ventilation qu'il fait subir au grain à opérer la conservation même des plus humides.

(Voir le procès-verbal particulier de cette expérience.)

Le blé contenu dans l'appareil déposé à l'Institut ayant été mouillé, son volume augmenta tellement, qu'il fut nécessaire d'en enlever le sixième pour rétablir dans l'appareil l'espace vide sans lequel le grain pendant la rotation ne pourrait prendre de mouvemens sur lui-même.

Le cylindre, mis en activité à quatre heures, resta exposé à l'aspiration du ventilateur jusqu'à huit heures du soir. L'expérience reprise le lendemain matin fut continuée, et avant le soir le blé était entièrement séché. Nous plaçons ici, messieurs, une remarque faite sur le blé sorti du petit cylindre, resté soumis à une rotation continue de vingt-quatre jours : ce grain avait acquis ce que l'on appelle sur les marchés, *la main*, à un tel point qu'en le serrant entre les doigts il échappait de toute part. C'est ici le moment de vous citer une seconde expérience de dessiccation faite en grand, mais, il est vrai, hors la présence de vos commissaires, dans un appareil semblable à celui construit rue de Chabrol, monté par M. Vallery, chez M. Darblay à Corbeil.

Le 16 septembre 165 hectolitres de blé lavé, pesant ensemble 6,534 kil., ayant été placés dans le cylindre en furent extraits le 18 octobre même année, ne pesant plus que

6,345 kil.; la différence en poids fut donc, après trente-deux jours d'emmagasinage dans le grenier mobile, de 189 kil.; la différence en mesure s'est trouvée de 10 hect. 3/4.

De tout ce qui précède vos commissaires ont conclu : *que le grenier mobile, isolé et ventilé, de M. Vallery, débarrasse le blé du charançon contenu au moment de l'emmagasinage, met le grain complétement à l'abri des ravages ultérieurs, en opposant une barrière infranchissable aux nouveaux insectes qui chercheraient à s'y introduire ; que cet appareil prévient la fermentation par suite de l'aérage auquel il soumet le grain ; qu'il rend possible l'humidification d'un blé trop sec, par la facilité qu'offre l'aspiration du ventilateur de faire traverser la masse par de l'air chargé de vapeur.*

Vos commissaires reconnaissent également *que l'appareil Vallery permet d'emmagasiner le grain dans un espace très réduit.*

Pour compléter, Messieurs, l'appréciation de cette machine agricole d'un intérêt si grave sous le point de vue de ses applications pratiques et commerciales, il nous restait à traiter des questions qui nous ont semblé sortir du rôle purement scientifique de l'Académie des Sciences. Vos Commissaires ont pensé qu'ils devaient laisser ces questions intactes, et attendre leur solution de l'expérience elle-même.

Ils ont donc l'honneur de vous proposer, comme conclusion de ce rapport, *de déclarer que le grenier mobile isolé et ventilé de M. Vallery, fondé sur la combinaison judicieuse de l'aérage et du mouvement, réunit les conditions physiques nécessaires, tant pour la conservation du grain que pour l'expulsion des insectes qui s'y attachent ; qu'il mérite sous ce double rapport votre approbation.*

Les conclusions de ce rapport sont adoptées.

RAPPORT

FAIT A

LA SOCIÉTÉ D'ENCOURAGEMENT POUR L'INDUSTRIE NATIONALE,

SUR

L'APPAREIL DE M. VALLERY,

DIT

GRENIER MOBILE,

DESTINÉ A LA CONSERVATION DU GRAIN.

Commissaires, MM. baron *Silvestre*, comte de *Lasteyrie*, *Bottin*, baron *Busche*, baron *Séguier*, *Péligot*, *Huzard*, *Herpin*, de *Marivault*, *Darblay*; *Payen*, rapporteur.

M. *Vallery* a soumis à l'examen de la Société d'Encouragement un appareil qui a pour objet la conservation des grains, et auquel il donne le nom de *grenier mobile*.

L'auteur vous a annoncé que son appareil avait déjà été examiné par l'Académie des sciences et la Société royale d'agriculture, et que ces deux corps savans l'avaient éprouvé sous les rapports scientifique et agricole, mais sous la réserve d'une exécution plus en grand, qui donnerait seule la solution économique et pratique.

C'est dans cette position que M. *Vallery* s'est adressé à la

Société d'Encouragement, qu'il l'a priée de procéder à l'examen d'un très grand appareil, complétement exécuté, contenant 1,150 hectolitres de blé, et de vérifier s'il était parvenu à résoudre commercialement l'important problème de la conservation économique des grains.

Bien que la question fût ainsi présentée sous un point de vue principalement commercial, vous avez pensé, Messieurs, qu'il pouvait y avoir lieu de l'examiner sous d'autres faces, et vous l'avez renvoyée à une Commission spéciale, prise dans chacun des Comités.

Votre Commission ne vous présentera pas de considérations nouvelles sur la conservation des grains. C'est un sujet dont l'utilité est trop bien appréciée de vous pour qu'il soit nécessaire de la faire ressortir ou de revenir sur les innombrables essais qu'on a faits jusqu'à ce jour pour résoudre cette importante question. Nous nous contenterons donc de vous entretenir de l'examen que nous avons fait de l'appareil de M. *Vallery*, et des expériences auxquelles cet examen a donné lieu.

On trouvera une description complète de l'appareil à la suite du présent rapport.

L'appareil que M. *Vallery* avait soumis à l'Académie des sciences était conforme à cette description, aux dimensions près, puisqu'il ne présentait qu'une contenance de 165 hectolitres, contenance insuffisante, sans doute, pour résoudre la question commerciale et économique, mais suffisante, cependant, pour apprécier les effets de l'appareil sur l'expulsion des insectes, la dessiccation et la conservation du grain. Nous n'avons donc pas jugé nécessaire de répéter les expériences faites par l'Académie des sciences et la Société d'agriculture, et nous nous contentons de vous en présenter ici le résultat, que nous regardons comme complet et concluant.

Il résulte de ces expériences :

1° Que cinq à six mille charançons placés dans 2 hectolitres de grain, abandonnés au repos pendant onze jours pour favoriser l'accouplement et la ponte, ont été expulsés en trois jours de rotation, et que le mouvement imprimé à l'appareil ayant été continué vingt et un jours encore, tous les charançons arrivés, pendant cet intervalle de temps, à l'état d'insecte parfait, ont été également expulsés au fur et à mesure de leur éclosion, en sorte que ce mouvement, s'il n'empêche pas le développement de l'insecte à l'état d'œuf et de larve, en arrête au moins la multiplication infiniment plus redoutable dans le cours du magasinage ;

2° Que trente-sept à trente-huit mille charançons, placés dans 20 hectolitres de grain, en ont été expulsés en trois jours d'une rotation successivement interrompue et reprise;

3° Que du blé, mouillé au point d'augmenter d'un sixième de volume et déposé dans l'appareil, y a été entièrement séché en seize heures au moyen de l'aspiration continue du ventilateur;

4° Que 96 hectolitres de grain mouillé dans un appareil appartenant à M. Darblay y ont été séchés en trente-deux jours, en ne faisant usage du ventilateur que pendant la moitié de ce temps, et que le grain était, en sortant de l'appareil, parfaitement propre à la mouture.

De ces expériences, l'Académie et la Société d'agriculture ont conclu, et nous croyons devoir conclure avec elles, que le grenier mobile isolé et ventilé, de M. Vallery, débarrasse le blé des charançons contenus au moment de l'emmagasinage; qu'il met le grain complètement à l'abri des ravages ultérieurs, en opposant une barrière infranchissable aux nouveaux insectes qui chercheraient à s'y introduire; que cet appareil prévient la fermentation par suite de l'aérage auquel il soumet le grain; qu'il rend possible, au moment de la mouture, par exemple, l'humectation d'un blé trop sec, par la facilité qu'offre l'aspiration du ventilateur de faire traverser la masse par de l'air ordinaire plus ou moins humide, ou même artificiellement chargé de vapeur; enfin, que l'appareil-Vallery permet d'emmagasiner le grain dans un espace très réduit.

Maintenant, en ce qui concerne l'appréciation de cette machine agricole sous le point de vue si grave de ses applications pratiques et commerciales, les rapporteurs des deux Sociétés en ont appelé à l'expérience, et c'est de cette expérience qu'il nous reste, Messieurs, à vous entretenir.

L'appareil que nous a présenté M. Vallery est conforme, pour ses dimensions, à la description qu'on lira à la suite de ce rapport, et au dessin qui l'accompagne (1). Sa contenance réelle est de 1,400 hectolitres, d'où il résulte une contenance commerciale de 1,000 hectolitres ; mais M. Vallery, pour donner aux expériences plus de certitude, l'avait fait charger de 1,150 hectolitres, pesant ensemble 85,000 kilogrammes : le poids de l'appareil est de 20,000 kil. ; c'était donc un immense cylindre de 9 mètres de longueur sur 4 mètres 66 centimètres de diamètre, et pesant 105,000 kilogrammes, auquel il s'agissait d'imprimer un mouvement régulier de rotation sans que rien, dans la machine, eût à souffrir de ce mouvement.

Nous avions à examiner les points suivans :

1° L'appareil-Vallery présente-t-il l'avantage d'une économie de construction par rapport aux greniers ordinaires, réunie à une solidité convenable ?

2° Cet appareil procure-t-il une économie notable dans les manutentions qui accompagnent le magasinage ?

Pour résoudre la première question, nous nous sommes fait remettre, par M. Vallery, un devis de son grand appareil,

(1) Il nous a paru inutile de joindre cette descriptition et ce dessin au présent mémoire.

et nous en avons vérifié les bases. Il résulte de ce devis que l'appareil doit coûter 4,492 fr., savoir :

Fonte, 6,000 kil , à 35 fr.	2,040 f.
Bois, 220 marques, à 4 fr. 20 c.	924
Pointes, 100 kilog., à 42 fr. 50 c. les 50 kil. . .	85
Boulons.	323
Toile métallique.	100
Colle, 25 livres , à 80 cent.	20
Main-d'œuvre.	1,000
Total.	4,492
Et qu'en y ajoutant pour bénéfices, frais généraux et frais imprévus, la somme de.	1,508
M. Vallery doit pouvoir livrer ses grands appareils au prix de.	6,000
A ce prix, il faudra ajouter, pour couverture de l'appareil, environ 15 francs par mètre du terrain occupé, soit pour 40 mètres environ.	600
Total.	6,600

Ou 6 fr. 60 c. par hectolitre emmagasiné.

Le prix moyen d'un grenier ordinaire, pour 1,000 hectolitres, avec l'espace nécessaire pour pelletage, tarardage , etc., ne peut être évalué, à Paris et dans les autres centres de magasinage, ainsi que cela résulte de renseignemens certains, à moins de 8,300 fr., ou 8 fr. 30 cent. par hectolitre. Nous en conclurons donc que l'appareil de M. Vallery présente une économie de 25 p. 0|0 environ sur les frais de première construction. Nous ajouterons qu'il occupe quatre fois moins d'espace qu'un grenier ordinaire; ou , en d'autres termes , qu'il représente, à superficie égale, un bâtiment élevé de quatre étages sur rez-de-chaussée. Cela est facile à concevoir si l'on considère que le blé s'y trouve accumulé à une hauteur moyenne de près de 4 mètres.

Quant à la question de solidité, l'examen de l'appareil chargé depuis plus de trois mois d'un sixième en sus de ce qu'il doit supporter habituellement, la régularité du mouvement qui lui est imprimé, et l'observation qu'il n'y a de frottement et d'usure que dans des parties peu coûteuses et faciles à remplacer, ne laissent à cet égard aucun doute dans notre esprit.

Pour ce qui concerne l'économie de manutention, nous nous en référerons aux calculs présentés par M. le baron Séguier, desquels il résulte que, considérant un tour de cylindre comme équivalant à un pelletage ordinaire, le remuage par force d'hommes de l'appareil Vallery sera, avec le pelletage manuel, dans la proportion de 1 à 56 : or il y a lieu de faire observer que, dans les greniers ordinaires, le pelletage ne peut se faire qu'à bras d'hommes, tandis que le grenier-Vallery peut facilement être mis en mouvement par telle force motrice qu'on voudra lui assigner : que si l'on emploie, par exemple, pour le mettre en mouvement, une machine à vapeur dont la force produite coûte dix fois moins que celle qui est fournie par l'homme, le rapport des prix, au lieu d'être 1 à 56, sera 1 à 560.

Nous ajouterons à ces calculs qu'un homme seul peut facilement imprimer, à l'appareil qui nous a été présenté, la force nécessaire pour sa rotation; et, si l'on considère que cette action entraîne le mouvement de 1,100 hect. de grain, il en résultera, pour les personnes pratiques et peu en état d'apprécier un calcul, la certitude de l'économie extrême de ce genre de manutention.

La question de force pour la rotation ainsi résolue et appliquée aux pelletage, tarardage, etc., il ne reste à examiner que celle de l'introduction du grain dans le cylindre, et de sa sortie pour les livraisons.

La première a lieu au moyen d'une trémie fixe, disposée en long à la partie supérieure de l'appareil, ce qui oblige à élever le grain à la hauteur de 5 mètres au plus. Or nous avons vu que cet appareil représente un grenier de quatre étages sur rez-de-chaussée, dont la hauteur moyenne ne peut être évaluée à moins de 6 mètres et demi; et comme, une fois élevé à cette hauteur, il faut encore transporter le grain et l'étendre dans le magasin, il en résulte que l'on trouve une économie de plus de 30 pour 100 dans la manutention de mise en magasin.

Quant à la sortie, il suffit, pour extraire le blé, d'ouvrir à la partie inférieure de la case que l'on veut vider, une petite coulisse, et le blé tombe spontanément dans le sac, ce qui réduit le travail à une opération aussi simple que prompte et peu dispendieuse.

Il résulte, de tout ce qui précède, que nous sommes amenés à considérer l'appareil de M. Vallery, dit *grenier mobile*, comme remplissant toutes les conditions qu'a prétendu atteindre son ingénieux inventeur, et à déclarer :

Que cet appareil présente, surtout dans les grandes villes, où se concentre le magasinage des grains, une économie notable sur les frais de première construction, avec toutes les garanties nécessaires de solidité;

Qu'il procure la presque suppression des frais de manutention si considérables dans les greniers ordinaires;

Qu'il assure la conservation du grain en le préservant de la fermentation, en expulsant les charançons et en empêchant leur rentrée;

Qu'il met aussi le grain à l'abri des ravages des souris, des rats, et autres animaux;

Qu'il est parfaitement applicable à la conservation des graines oléagineuses, des légumineuses, et en général de tout ce qui s'emmagasine habituellement dans les greniers;

Enfin, que l'appareil qui réunit ces avantages n'a point

l'inconvénient de soustraire le grain à la vue du propriétaire, et qu'il ne sera probablement pas combattu par la routine, puisqu'il s'appuie sur un usage immémorial, le remuage du grain à l'air libre ou pelletage.

En conséquence de tout ce qui précède, nous vous proposons, Messieurs, de joindre votre approbation à celle qu'ont déjà accordée au grenier mobile de M. Vallery l'Académie des sciences et la Société royale d'agriculture, et de renvoyer le présent rapport à votre commission des médailles, en réservant d'ailleurs à M. Vallery le droit qu'il pourra avoir de concourir pour le prix de 4,000 francs que la Société doit décerner, en 1841, à l'inventeur du meilleur procédé pour la conservation des grains dans les fermes et magasins.

Enfin, et d'après la considération que le présent rapport complète les renseignemens qui ont été primitivement demandés par M. le ministre du commerce sur l'appareil-Vallery, nous pensons qu'il y a lieu de le lui adresser, ainsi qu'à M. le ministre de la guerre, dans l'intérêt commun de l'administration et de l'agriculture.

Par suite de ce rapport la médaille d'or de la Société a été décernée à M. Vallery.

RAPPORT

FAIT

A LA SOCIÉTÉ ROYALE ET CENTRALE D'AGRICULTURE,

SUR

L'APPAREIL DE M. VALLERY,

PROPRE A CONSERVER LES BLÉS.

Commissaires : MM. *baron Silvestre*, *baron Busche*, *Darblay*, *Huzard*, *Dailly*, *baron Séguier*, *Audouin*, *Bottin*, *Héricart de Thury*, *de Lasteyrie*; *Payen*, rapporteur.

La commission, avant d'émettre son opinion, a voulu qu'une application en grand la mît à même de se prononcer en pleine connaissance de cause, et en conséquence elle s'est réunie à la commission de la Société d'encouragement.

L'application a été faite et soumise aux investigations des commissaires nommés par tous les comités réunis de la Société d'encouragement, au nombre desquels se trouvent les membres de la première commission de la Société d'agriculture, et de plus, MM. Héricart de Thury, Bottin et de Lasteyrie, nos collègues, ici.

Leur rapport, très favorable, vient d'être adressé aux deux ministres du commerce et de la guerre; la description de l'appareil, avec tous les détails de construction accompagnés de figures exactes, sera insérée dans un bulletin de la Société d'encouragement.

La contenance de ce grenier mobile est de 1,150 hectolitres; il est établi vis-à-vis de l'entrepôt des Marais, où on peut le voir fonctionner, et nous savons de plus qu'un modèle de grandeur moyenne est admis à l'exposition des produits de l'industrie.

Ainsi, sous les points de vue scientifique, industriel et commercial, le procédé, sur lequel la Société royale et centrale d'agriculture fut la première appelée à se prononcer, a reçu depuis l'approbation de l'Académie des sciences, de l'Académie de Rouen, par l'organe de M. Pouchet, votre correspondant, et enfin de la Société d'encouragement pour l'industrie nationale.

Les prévisions rationnelles que vous n'aviez énoncées qu'avec une sage réserve se sont donc pleinement accomplies; cette heureuse circonstance et l'immense intérêt qui s'attache à la conservation des grains sont de puissans motifs pour donner à votre première décision une suite toute naturelle, en décernant, en séance générale, votre grande médaille d'or à M. Vallery.

Les conclusions de ce rapport ont été adoptées, et la médaille d'or de 1re classe remise à M. Vallery, en séance générale, par M. le ministre du commerce et de l'agriculture.

EXTRAIT

DU

RAPPORT GÉNÉRAL

SUR

L'EXPOSITION DES PRODUITS DE L'INDUSTRIE NATIONALE
EN 1839,

PAR

M. LE VICOMTE HÉRICART DE THURY.

Nous n'avions encore aucun moyen, aucun appareil mécanique sûr et bien efficace pour chasser des grains ces myriades d'insectes, et particulièrement celles des charançons, qui se propagent, se multiplient si rapidement dans nos greniers, et détruisent, en peu de temps, les plus belles réserves. Les divers moyens proposés étaient tous insuffisans, ou pouvaient avoir des conséquences fâcheuses sur la qualité des grains, et souvent les altérer. Dans les plus grands établissemens, on est réduit au *pelletage*, travail manuel, moyen le plus simple, le meilleur, le plus actif, mais aussi, et bien souvent, le plus inégal comme le plus dispendieux.

Trouver, construire des greniers ou appareils qui réunissent à la fois les diverses conditions, était une extrême difficulté; c'était un problème d'une haute importance, qui intéressait essentiellement les cultivateurs, les fariniers, les meuniers, les propriétaires, et l'administration, pour la conservation de ses réserves. Plusieurs savans mécaniciens s'étaient occupés de la solution de ce problème; mais leurs recherches avaient été vaines; leurs greniers, leurs appareils avaient été regardés comme insuffisans; ils ne remplissaient qu'une partie des conditions exigées. Cette année, enfin, un habile mécanicien, M. Vallery, a présenté à l'exposition un appareil qui réunit non seulement la sanction des Académies et des Sociétés savantes sous le rapport du mécanisme et de la théorie, mais celle, bien plus puissante et plus convaincante encore, de la pratique, sous le rapport de l'efficacité et de la complète exécution de toutes les conditions exigées.

Par suite de ce rapport, la médaille d'or de l'exposition de 1839 a été décernée à M. Vallery.

Imprimerie de Félix Malteste et Ce, 18 rue des Deux-Portes-St-Sauveur.